U0366593

优良牧草抗旱性研究

季　波　王占军　著

黄河出版传媒集团
阳　光　出　版　社

图书在版编目（CIP）数据

优良牧草抗旱性研究 / 季波, 王占军著. -- 银川 : 阳光出版社, 2022.9
ISBN 978-7-5525-6509-6

Ⅰ. ①优… Ⅱ. ①季… ②王… Ⅲ. ①牧草 - 抗旱 - 适应性 - 研究 Ⅳ. ①S540.34

中国版本图书馆CIP数据核字(2022)第188956号

优良牧草抗旱性研究　　季　波　王占军　著

责任编辑　李媛媛
封面设计　石　磊
责任印制　岳建宁

黄河出版传媒集团
阳　光　出　版　社　出版发行

出 版 人　薛文斌
地　　址　宁夏银川市北京东路139号出版大厦（750001）
网　　址　http：//www.ygchbs.com
网上书店　http：//shop129132959.taobao.com
电子信箱　yangguangchubanshe@163.com
邮购电话　0951-5047283
经　　销　全国新华书店
印刷装订　宁夏凤鸣彩印广告有限公司
印刷委托书号　（宁）0024643

开　　本　710 mm × 1000 mm　1/16
印　　张　10
字　　数　120千字
版　　次　2022年10月第1版
印　　次　2022年10月第1次印刷
书　　号　ISBN 978-7-5525-6509-6
定　　价　48.00元

前 言

草地作为陆地生态系统主要的植被类型之一，不但分布面积广，而且在调节气候、涵养水分、防风固沙、保持水土、改良土壤、净化空气、美化环境等方面发挥着巨大的生态作用，是维系陆地生态系统平衡、促进草畜产业蓬勃发展及维护人类良好生态环境不可或缺的重要组成部分。

宁夏地处我国西北内陆农牧交错地带，也是我国"两屏三带"生态安全体系建设的关键区域，区内天然草地面积分布范围广且大，占宁夏国土面积的47%，是自治区的半壁河山和绿色生态屏障。宁夏天然草地主要有温性山地草甸、温性草甸草原、温性草原、温性草原化荒漠、温性荒漠草原和温性荒漠6种类型，其中面积占比最大的是温性荒漠草原，占到了全区天然草地总面积的62.77%，对我区生态环境建设起到了至关重要的作用。但由于以往的过度利用，加之荒漠草原多分布于干旱半干旱区，受降水等自然因素限制，荒漠草原草地植被物种数量少、多样性低，覆盖度、生产力及草场质量均相对较差，生态系统极脆弱。2003年宁夏在全国率先实行封山禁牧政策，随之围栏封育及补播改良生态修复等一系列生态保护工程措施相继实施，使得原有退化草地得以修复，草地生产力、植被盖度明显提高，草地生物多样性增加，生态环境得到有效改善。据统计，2003年至2018年，宁夏共补播改良退化草原820万亩。

然而随着草原生态修复措施的实施，伴随着也出现了一些问题，主要表现在：补播改良选用牧草多数为引进品种，当地适应性较差，补播改良后在植被的演替过程中由于适应性不强，可持续稳定性较差；退化草原补播改良牧草品种单一，缺乏优良抗旱乡土牧草品种。因此，本书研究主要立足我区干旱半干旱区草原生态建设中，适生抗旱优质牧草短缺及适应性差等问题，收集和引进了宁夏本地和邻近省份干旱半干旱区优质的牧草种质资源 15 种（10 种禾本科和 5 种豆科），对收集和引进的牧草植物学特征进行了细致阐述的基础上，从种子萌发期抗旱性、苗期抗旱性及田间种植抗旱性 3 个方面系统研究了 15 种牧草的抗旱性，并进行了综合评价，筛选出适宜宁夏干旱半干旱区种植的优良抗旱牧草资源(品种)，为我区干旱半干旱区退化草原生态修复草种选择提供基础参考。

本书是宁夏农林科学院林业与草地生态研究所承担的宁夏农林科学院对外科技合作专项“抗旱型牧草种质资源引选与配套栽培技术”项目的研究成果，并得到“自治区青年拔尖人才项目”及“宁夏荒漠草原生态修复及长期定位观测”项目的支持。同时项目在研究过程中，俞鸿千、何建龙、吴旭东、任小玢、杜建民等先后参加了项目的研究工作，时龙、徐金鹏及纪童参与了试验数据的调查和整理。在本书的撰写过程中，还得到了宁夏农林科学院林业与草地生态研究所蒋齐研究员和内蒙古自治区农牧业科学院草原研究所孙杰研究员的指导和帮助，在此，特向他们表示最衷心的感谢！

本书的内容仅是两年多的主要研究结果，限于作者的知识水平，难免出现不足，敬请读者批评指正！

作　者

2022 年 9 月于宁夏银川

目 录

绪论

1 研究背景意义

党的十九大报告中，习近平总书记明确提出，加快生态文明体制改革，建设美丽中国。宁夏位于中国西北部，地处我国生态安全战略“两屏三带一区多点”中的“黄土高原—川滇生态屏障”“北方防沙带”，是国家西部生态屏障的重要组成部分。2020年习近平总书记再次视察宁夏时，发表的重要讲话中明确指出，要牢固树立绿水青山就是金山银山的理念，抓好生态环境保护，统筹推进生态保护修复和环境治理，努力建设黄河流域生态保护和高质量发展先行区。因此，加快生态文明和美丽宁夏建设，大力实施重要生态系统保护和修复重大工程，构建生态安全屏障体系，对打造丝绸之路经济带的绿色明珠，绘就美丽中国“宁夏画卷”，促进区域经济社会全面协调可持续发展具有十分重要的战略意义。

在党中央、国务院的亲切关怀下，在国家部委的大力支持下，自治区党委、政府始终高度重视生态保护和建设，抢抓历史机遇，全面推进生态文明建设，大力加强生态保护和建设，在全区开展了水土保持、退耕还林、退牧还草、天然林保护及封山禁牧等多项生态保护措施，对建设北部绿色发展区、中部封育保护区和南部水源涵养区起到了积极推动作用。

宁夏中部干旱区荒漠草原是全区天然草原占地面积最大的一类草地类型，占到全区天然草原面积的62.77%，对维护宁夏生态安全发挥着重要作用。

但由于其地理位置及自然气候条件，加之以往过度放牧、滥垦滥挖等因素影响，该区域植被物种数量少、多样性低，生态环境极为脆弱。2003 年宁夏在全国率先实行封山禁牧政策，草原得到休养生息，草原生态恶化趋势得到有效抑制，生产能力明显提升，草原生态建设取得显著成效。据统计，随着政策措施的实施，全区草原植被恢复较好，草原沙化面积较禁牧前减少了 14.5%，中度、重度沙化面积减少了 33.5%，植被覆盖度有了大幅度提高。尤其在中部干旱区，随着禁牧封育、人工补播修复措施的应用，生态环境状况呈现“整体好转”，草原保护与恢复取得显著进展。

但实事求是地看，随着草原生态建设与利用，我们的生态环境还没有实现根本性好转，仍然存在许多问题，如：退化草原人工改良修复效果还不理想，草原生态保护建设任务还十分严峻；退化草原人工修复中牧草品种单一，缺乏优良抗旱的牧草品种等。截止至 2018 年，宁夏共累计补播改良退化草原 820 万亩。但是从人工修复改良的成效上看，由于补播改良的牧草品种多数为引进品种，在宁夏进行退化草原改良中存在着成活率较低、越冬性较差等问题，尤其是补播改良后植被在演替过程中由于适应性不强、可持续稳定性较差，导致植被恢复效果很难达到预期。且宁夏草原生态建设过程中突出问题表现为退化草原补播改良品种单一、恢复效果和稳定性较差，尤其缺乏适宜当地条件的优良乡土牧草品种，导致草地生态修复效果较差，缺乏可持续稳定性，很难支撑区域草地资源的保护和高质量发展。

因此，本研究主要针对宁夏中部干旱区草原生态建设中，优质适生抗旱牧草品种短缺、适应性差等问题，重点开展了乡土牧草和抗旱型牧草的收集、引进及优良牧草抗性研究及综合评价，阐明不同牧草的抗旱特征及其差异性，筛选出适宜宁夏干旱区的优良抗旱牧草资源（品种），为我区干旱半干旱区退化草原生态修复草种选择及草地的可持续健康发展提供基础参考。

2 研究现状综述

2.1 国内种质资源研究现状

我国是世界上第二草地大国,天然草地占国土总面积的41.7%。随着我国畜牧业供需比例的失衡(即传统的畜牧业饲草总量的需求大于供给),季节性超载过牧的现象频发。在这种高强度的利用模式下草地严重退化,生产力迅速下降,土壤沙化,灾害频发,水土流失严重,草原生态系统功能失调等。通过人工种植可食性牧草增加牧草供给,以缓解草畜矛盾,提高经济效益,也是改善草原生态系统协调发展的有效途径，是治理退化草地和土地荒漠化的重要手段。近年来我国在退化草地重建方面取得了很大的进步,郝良杰等研究人工种植牧草对沙质退化草甸土的影响,结果表明,燕麦(*Avena sativa*)(贝勒2号)和苜蓿（*Medicago sativa*)(康赛+骑士T）在沙漠化和盐渍化环境下起到了防沙固沙、改善土壤养分性状的良好作用;韩国君等研究黄土高原人工种植牧草地土壤酶活性的变化,结果表明,黄土高原人工种植牧草地土壤酶活性呈现季节性变化,且种植人工牧草能够有效提高土壤酶活性,进而改善土壤肥力。但是由于受地理气候环境等外界因素,以及牧草种子适应性等局限,尤其我国西部大多处于干旱半干旱区,水资源短缺,荒漠化严重,如何正确筛选适应性强的牧草资源,了解植物抗旱生理特性及牧草品质等还需进一步深入研究。

在牧草引选与评价过程中,筛选抗旱性强的优质牧草,需要从牧草种子萌发期抗旱能力、苗期胁迫能力,以及品质分析等多方面进行综合评价,只有综合各个阶段牧草的优劣才能筛选得到较为适宜的优良种质资源。

2.1.1 干旱胁迫对种子萌发的影响

通常利用牧草种子萌发对干旱的适应性来评判牧草的抗旱性（即萌发指标结果优劣），筛选适宜建植的优质牧草。采用聚乙二醇（Polyethylene glycol，PEG-6 000）溶液模拟干旱胁迫被认为是最简单、可靠的方法，已被广泛采用。PEG是一种高分子渗压剂，因本身具有不易自由通过植物细胞壁，不易渗入活细胞内，不会给种子内增加营养物质，无毒，但能使活细胞缓慢吸水等优点，而常被作为模拟和研究植物干旱胁迫的最好材料。如王亚楠等采用PEG-6000模拟干旱胁迫的方法，测定10种分布在宁夏煤炭基地的草本植物种子在干旱胁迫下的萌芽率、发芽指数等指标，并用隶属函数法对10种草本植物的萌发期抗旱性进行综合评价，结果表明，甘草（*Glycyrrhiza uralensis*）种子萌发期抗旱性最强；郝俊峰等采用15% PEG-6000溶液模拟干旱胁迫，以蒸馏水为对照（CK），测定11份苜蓿种子萌发期的胚根长、胚芽长，计算胚根长/胚芽长、发芽率、发芽势、发芽指数、活力指数及其抗旱系数等14项指标，结果表明，农菁8号、公农1号和威神抗旱性较强，更适合内蒙古科尔沁半干旱地区种植；刘彩玲等通过设置不同PEG-6000浓度模拟干旱胁迫的方法，对不同紫云英（*Astragalus sinicus*）品种（系）的萌发特性以及抗旱性进行了研究，结果表明，升钟种质抗旱性最强。综上研究发现，采用PEG-6000溶液模拟干旱胁迫被广大研究学者广泛采用。研究学者虽然均采用PEG溶液进行模拟干旱胁迫试验，但不同的植物种子萌发期对干旱胁迫的耐受程度不同。故此，在生产实际中开展不同植物种子萌发期干旱胁迫的耐受试验，对指导生产意义重大。

干旱区不仅土壤可利用水分稀少，且大多土质盐碱化严重，筛选干旱区适宜牧草种质资源时，在进行干旱胁迫的同时，通常还需对种子进行耐盐性研究，以保证筛选出的牧草种子能适应干旱区土壤干旱与盐碱的环境，目前植物耐盐性研究多采用不同浓度 NaCl 溶液进行盐胁迫试验，通过分析牧草种子萌发期发芽指标（如种子发芽率、相对发芽率、发芽势、相对发芽势、发芽指数和简化活力指数）对种质进行耐盐性鉴定，了解牧草种子的耐盐性，以便筛选耐盐性高的优质牧草。近年来研究者在牧草耐盐性方面取得了较大的进展，如沈禹颖等观察了 7 种牧草种子在 8 个不同浓度的 NaCl 溶液中的发芽率及胚根和胚芽的生长，结果表明，盐胁迫下随盐浓度的增加，种子的发芽率呈下降趋势；李卫明等研究不同浓度盐（NaCl）胁迫对甜高粱（*Sorghum dochna*）、饲用玉米（*Zea mays*）、燕麦草种子萌发生长特性的影响，结果显示，不同浓度的 NaCl 溶液对 3 种饲草种子发芽的盐胁迫作用不同，随着 NaCl 溶液浓度的不断增大，对各饲草种子萌发的抑制作用明显增强。马琳等以草木樨（*Astragalus melilotoides*）、苜蓿王、紫云英、沙打旺（*Astragalus laxmannii*）和小冠花（*Coronilla varia*）5 种豆科牧草为试验材料，采用 9 个 NaCl 盐浓度梯度进行盐胁迫处理，发现低盐浓度（0.2%、0.4%和 0.6%）对牧草种子萌发与幼苗生长具有促进作用，随着盐浓度的升高，供试牧草的相对发芽率和相对发芽势呈明显的下降趋势；沈振荣等研究不同浓度处理下的苜蓿种子萌发耐盐性，结果表明，供试苜蓿种子的发芽率、活力指数、发芽指数与盐浓度之间存在显著负相关性；黄醇等研究不同浓度的处理对小黑麦（*Triticale*）种子萌发的影响，结果表明，随着盐浓度的升高小黑麦种子发芽率、发芽指数、重量和叶绿素含量呈下降趋势，即高盐浓度会抑制植物种子的萌发。

2.1.2 干旱胁迫对牧草苗期生长的影响

牧草苗期生长对于环境的适应性强弱直接关系到人工草地建植及退化草原补播改良的成败，干旱区水分条件是影响牧草苗期生长的主要因素，正常条件下，植物体内的活性氧（reactive oxygen species，ROS）处于稳定状态，植物体不会受到损伤。活性氧(ROS)是植物有氧代谢的副产物,与植物的生长发育密切相关,参与植物对外界胁迫的反应。但当植物遭受外界环境胁迫时,如干旱胁迫,植物体内除渗透调节机制发生变化之外,还存在着抗氧化酶系统对外界非生物胁迫的响应,体内活性氧(ROS)含量增加,导致细胞损伤,这种损害常被称为氧化应激反应,此时,植物通常利用自身的抗氧化系统-酶促抗氧化系统调节,产生氧化胁迫反应,应对过度产生的活性氧(ROS),消除活性氧(ROS)的不利作用,来抵抗胁迫损伤。这些抗氧化物酶类主要包括超氧化物歧化酶(superoxide dismutase,SOD)、过氧化氢酶(catalase,CAT)和过氧化物酶(peroxidase,POD)等。胁迫能提高这些酶类的活性,有效清除活性氧自由基,减小细胞的损伤程度。此外,植物体内还存在着渗透调节机制,抵抗环境胁迫。渗透调节是细胞浓度增大,渗透势降低,使其在低渗透势生境中能够吸收水分,渗透调节物质包括无机离子和氨基酸等,其中以脯氨酸(proline,Pro)最为常见。脯氨酸易溶于水,它能降低细胞内的渗透势,防止细胞失水,起到保护细胞的作用。

近年来关于牧草胁迫生理指标的影响,国内学者开展了广泛的研究。如闫天芳等以西藏地区 4 种不同生境的野生披碱草(*Elymus dahuricus*)属植物作为试验材料进行干旱胁迫模拟盆栽试验,通过对比幼苗叶片中相对含水量(relative water content,RWC)、丙二醛(Malondialdehyde,MDA)、超氧化物歧化酶(SOD)、游离脯氨酸(Pro)以及植物体内可溶性糖(SSC)含量的变化对供试幼苗进行抗旱性分析与评价,发现 SOD 呈现先上升后下降趋势;李长慧等采用盆栽法对梭罗草(*Roegneria thoroldiana*)、草地早熟禾(*Poa pratensis*)、垂穗披碱草(*Elymus nutans*)和中华羊茅(*Festuca sinensis*)4 种高原乡土禾本科牧草幼苗的抗旱性进行了比较,发现一定程度的干旱胁迫后,4 种禾本科草过氧化氢酶活性、过氧化物酶活性等均有所增加;刘根红等研究了宁夏 5 种主要禾本科牧草湖南稷子(*Echinochloa frumentacea*)、苏丹草(*Sorghum sudanense*)、高丹草(*Sorghum bicolor*×*sudanense*)、燕麦、黑麦草(*Lolium perenne*)苗期在 NaCl、水分复合胁迫下体内脯氨酸含量的变化,并对其抗盐、抗旱性进行了初步评价,结果表明,NaCl胁迫对湖南稷子体内脯氨酸含量表现为负效应，对其他 4 种禾本科牧草体内脯氨酸含量均表现为正效应；杨顺强等以猫尾草（*Uraria crinita*）、扁穗冰草(*Agropyron cristatum*)、苇状羊茅(*Festuca arundinacea*)、无芒雀麦(*Bromus inermis*)、披碱草（*Elymus dahuricus*）、细茎披碱草（*Elymus trachycaulus*）、高冰草(*Agropyron elongatum*)和新麦草(*Psathyrostachys juncea*)8 种禾本科牧草为试验材料,在拔节期测定不同水分胁迫下各草种叶片中叶绿素(Chlorophyll,Chl)、脯氨酸(Pro)、可溶性糖(SS)、叶绿素荧光、丙二醛(MDA)、超氧化歧化酶(SOD)、过氧化氢酶(CAT)和过氧化物酶(POD)等相关生理生化参数的动态变化,结果表明,在轻微水分胁迫下各牧草脯氨酸含量增加缓慢，随水分胁迫的进一步加剧而急骤升高。张力君等研究表明,在干旱胁迫下老芒麦(*Elymus sibiricus*)和毛偃麦(*Elytrigia trichophora*)细胞膜透性急剧增加,而复水后细胞膜透性又迅速回落。由此说明干旱胁迫能导致细胞膜透性的增大并不意味着同等程度的膜损伤,而是反映了细胞膜对干旱胁迫的适应性调节过程。研究者在研究生理机制时,注意到高温也是干旱胁迫中主要限制因子，而研究中大多数植物在温室或室内条件下,且大多为控制试验,因此近年来大多数研究量化了试验,观察温度变化胁迫对植物生理的影响。

综上研究发现，植物在逆境胁迫下生理指标的变化对于研究牧草应对环境胁迫时自身适应性有着十分重要的意义。但研究植物抗旱生理响应机制常于室内进行,相同的温度,土壤环境的控制性实验,对于实际大田试验,植物的非控制性生化反应试验理论还较为缺乏,需要进一步综合环境影响开展研究。虽然研究中植物对水分的利用过程对于植物抗旱性有着极大意义，但单一利用植物生理指标对干旱的响应作为确定抗旱评价指标还需要进一步研究;其次不同基因型的种质资源对于环境胁迫的响应机制不同。因此,研究不同基因型牧草植物在非控制环境胁迫下的响应机制与表现，对筛选优质的抗旱牧草有着十分重要的意义。

2.1.3 干旱胁迫对牧草田间生长的影响

田间试验对于筛选优质牧草资源有着十分重要的指导意义，牧草在干旱条件下常常会表现出生长减缓,尤其是叶片形态发生一定的变化,如叶面积、叶片数量会显著减小,生物量降低等。在满足生态效益的同时还需满足经济效益的要求,牧草对于外界环境的适应性强弱直接关系到人工草地建植的成败,而能否满足牲畜对饲草的需求则由牧草的产量和质量所决定。由此,选择适应当地生态环境的优良牧草就显得更加重要。牧草品质评价包括适口性、消化率、营养价值、有害成分含量等。牧草的适口性影响家畜的采食,牧草消化率的高低影响家畜对营养物质的吸收。牧草的营养价值取决于所含营养成分,提高粗蛋白质含量,降低粗纤维含量是提高牧草营养价值,改善牧草品质的重要内容。古琛等引进和收集的 13 份禾本科牧草与 9 份豆科牧草以生产力与越冬率作为指标进行了适应性评价,结果表明,沙生冰草(*Agropyron desertorum*)、蒙古冰草(*Agropyron mongolicum*)、黄花苜蓿(*Medicago falcata*)与草原 3 号苜蓿可以用于改良短花针茅荒漠草原;施建军等在青南牧区“黑土型”退化草地上引种10种早熟禾,通过测定越冬率、草产量、种子产量以及生长特性,综合评价引进草种的适应性，结果表明，波伐早熟禾（*Poa poophagorum*)、冷地早熟禾(*Poa crymophila*)、草地早熟禾适应性好,产量较高,可作为 “黑土型”退化草地植被恢复适宜的草种。另外,种植人工草地有利于草地生态系统的可持续发展,但目前我国可利用草地面积中人工草地面积占比相对较少。因此,筛选适应本土环境的优质牧草，形成一套科学合理的人工草地建植与管理的体系是保障草地畜牧业持续发展与经济生态协调发展的关键。

2.2 国外种质资源研究现状

优良牧草是草地畜牧业生产、生态环境恢复与保护的重要生产资料，对建立优质高产人工草地以及改良天然草地，维护水土保持功能，保护和恢复生态环境等方面起到了积极的作用。衡量一个国家畜牧业发展水平主要靠优良草品种数量以及草品种良种生产水平体现。牧草种子的选育与繁殖在多个国家都已有着成熟的培育和生产体系，不仅能满足本国人工草地建植和天然草场改良的需求，而且还成为重要的出口商品。

由于不同环境因素的影响与限制，牧草的引种、建植常常需要适应本土环境，其中水分条件是影响牧草建植成败的主要因素之一，干旱将会对牧草生产力和牧草质量产生负面影响。面对气候变化与本土自然环境，有必要了解植物如何应对温度与水分的增减问题。因此，自 20 世纪中叶开始，研究者主要集中于牧草叶片水分生理与渗透调节机制的研究，如叶水势的变化、相对含水量、叶片电导率、叶片冠层温度和电解质泄漏。研究表明，渗透调节机制是植物应对水分胁迫下的有效措施，植物在水分胁迫条件下会积累有机分子相溶性溶质或渗压剂，有效地提高了植物的渗透调节能力、增强了植物的抗逆性。许多研究还证实了渗透防护剂(例如脯氨酸，甘氨酸甜菜碱)的增加，可以通过减少渗透有效防止细胞中的水分流失。虽然研究植物对环境中水的利用过程对于植物抗旱性有着极大意义，但单一利用水分生理学作为确定干旱评价指标还需要进一步评估。

应对干旱胁迫时，植物除渗透调节机制之外，还存在着抗氧化酶系统用以抵制外界的非生物胁迫，植物在稳定适宜的环境下，体内活性氧 ROS 发育和植物的生长密切相关。但当活性氧ROS过量产生时会导致细胞损伤,这种活性氧ROS对植物细胞的损害通常被称为氧化应激反应。植物应对过度生产的ROS,通常利用自身的抗氧化系统——酶促抗氧化系统调节,酶促抗氧化系统是由超氧化物歧化酶(SOD),过氧化氢酶(CAT),抗坏血酸过氧化物酶(APX)等组成。研究者在研究生理机制时,注意到高温也是干旱胁迫中的主要限制因素,而研究中大多数植物在温室或室内条件下大多为控制试验,因此近年来大多数研究量化了试验,观察温度变化对胁迫生理的影响,但田间植物的非控制性生化反应试验理论还较为缺乏,需要进一步综合环境影响。

在了解植物抗旱机制的基础上,研究者对于如何筛选抗旱牧草(既考虑生态效益的同时还能保证经济效益)进行了大量研究,干旱高温通常会影响许多植物的营养生长、形态特征、草料产量、种子产量及其组成部分。Bahrani et al.评价了10种原生或引入伊朗的草种，得出在水分胁迫下干物质总产量降低。不同基因型的牧草耐旱能力不同，如何选取适宜评价方法与指标进行快速评价成为一个值得研究的问题。基于此,自19世纪70年代以来已经提出了多种方法来选择干旱胁迫下的基因型,如提出了几种指数来鉴定耐旱基因型,包括压力敏感性指数、容忍指数及平均生产率指数等。一些研究人员还提出了利用指标组合进行抗旱性基因选择。快速而准确地进行基因型的筛选,对于牧草引种、生产与恢复退化草地起到了十分重要的作用。

3 抗旱性评价方法

干旱灾害是世界各国都面对的环境问题,干旱不仅影响植物的生长发育,造成减产,还对人类生活产生影响,甚至影响农业经济的蓬勃发展。植物的抗旱性就是植物自身能在干旱的环境中生存，以及在干旱环境解除后能迅速恢复生长的能力。为应对干旱环境,筛选抗旱性强的优质植物种,是很多研究学者首选的方法,为此,研究学者们采用实验室模拟的方法,田间控制试验的方法,以及分子生物学等方法,对植物抗旱性开展了广泛性的研究。从抗旱性评价的角度,选取植物生理生化指标、形态指标及生长发育指标等对抗旱性进行评价,采用的评价方法,有简单比较法、分级评分法及综合数学分析方法等。其中,数学分析方法中,模糊隶属函数法、主成分分析法、聚类分析法及灰色关联度分析法,被研究学者们广泛应用。近年,随着生物技术的蓬勃发展,很多研究学者采用分子生物学的方法,从基因鉴定的角度,对植物的抗旱性也进行了大量的研究和评价。

3.1 简单比较法

通过干旱胁迫试验,用 1 个或几个指标进行简单直接对比的方法,比较供试植物的抗旱性。该方法简单,采用的也多是单个指标或少数指标,研究结果可能存在片面性。

3.2 分级评分法

将监测的供试植物的抗旱性指标,按照一定的划分标准,划分为不同的级别,然后再将同一植物各指标的级别值相加,得到该植物的抗旱总级别值,以此来比较不同植物的抗旱性。此方法较简单比较法可靠性更高,且大多用于作物的抗旱性评价。

3.3 综合数学分析方法

3.3.1 灰色关联分析法

此方法是将供试植物的所有测定指标视为一个灰色关联系统,将植物与指标进行关联分析，分析二者间的关联程度，以关联度鉴定植物的抗旱性强弱。

3.3.2　主成分分析法

根据植物各指标的贡献率大小确定重要性，并结合隶属函数加权法，可以更科学准确地评判植物的抗旱性。

3.3.3　模糊隶属函数法

是一种计算繁琐，但结果科学可靠的方法，被研究学者广泛采用。通过隶属函数值公式计算获得不同指标的隶属函数值，然后进行加权累加，进行植物抗旱性评价。

3.3.4　聚类分析

根据测定的指标，采用聚类方法，将供试材料按照不同的抗旱等级进行分类，通常采用的聚类方法不同，对供试植物的分类结果也因此不同。

1　牧草资源植物学特征

参与本研究引进和收集的优良牧草资源共 15 种。其中禾本科牧草 10 种，分属冰草属、披碱草属、格兰马草属、针茅属和偃麦草属；豆科牧草 5 种，分属黄芪属、胡枝子属和小冠花属，具体牧草资源信息见表 1-1。

表 1-1　引选和收集优良牧草资源基础信息表

序号	供试材料	试验编号	拉丁名	科属	来源
1	宁夏蒙古冰草	A	*Agropyron mongolicum* Keng	禾本科冰草属	宁夏农林科学院林业与草地生态研究所
2	蒙古冰草(内蒙)	B	*Agropyron mongolicum* Keng	禾本科冰草属	内蒙古自治区农牧业科学院草原研究所
3	沙生冰草	C	*Agropyron desertorum* （Fisch.）Schult.	禾本科冰草属	克劳沃生态科技有限公司
4	扁穗冰草	D	*Agropyron cristatum*（L.）Gaertn.	禾本科冰草属	内蒙古自治区农牧业科学院草原研究所
5	细茎冰草	E	*Agropyron trachycaulum* (Linn.)Gaertn.	禾本科披碱草属	宁夏远声绿阳草业生态工程有限公司
6	格兰马草	F	*Bouteloua gracilis*（H. B. K.）Lag. ex Steud.	禾本科格兰马草属	盐池
7	老芒麦	G	*Elymus sibiricus* L.	禾本科披碱草属	西贝农林牧生态科技公司
8	格林针茅	H	*Stipa virdula*	禾本科针茅属	克劳沃生态科技有限公司
9	披碱草	I	*Elymus dahuricus* Turcz.	禾本科披碱草属	克劳沃生态科技有限公司

续表

序号	供试材料	试验编号	拉丁名	科属	来源
10	长穗偃麦草	J	*Elytrigia elongata* (Host) Nevski	禾本科 偃麦草属	西贝农林牧生态科技公司
11	草木樨状黄芪	K	*Astragalus melilotoides* Pall.	豆科 黄芪属	盐池
12	牛枝子	L	*Lespedeza potaninii* Vass.	豆科 胡枝子属	盐池
13	达乌里胡枝子	M	*Lespedeza davurica* (Laxm.) Schindl.	豆科 胡枝子属	西贝农林牧生态科技公司
14	小冠花	N	*Coronilla varia* L.	豆科 小冠花属	甘肃农业大学
15	鹰嘴紫云英	O	*Astragalus cicer* L.	豆科 黄芪属	甘肃农业大学

1.1 牧草的植物学特征

1.1.1 蒙古冰草

禾本科冰草属多年生草本植物，是各种家畜喜食的良好牧草。

别名：沙芦草

学名：*Agropyron mongolicum* Keng

形态特征：秆成疏丛型，直立，高 50~120 cm，有时基部横卧而节生根成匍茎状，具 2~3(6)节。叶片内卷呈窄披针形，长 5~15 cm，宽 2~3 mm，叶脉隆起成纵沟，脉上密布有微细刚毛。穗状花序，花序长 3~9 cm，宽 4~6 mm，每序上有 20~30 个小穗，小穗向上斜升，排列于穗轴两侧，穗轴节间长 3~5(10) mm，光滑或生微毛，每个小穗含(2)3~8 枚小花，通常结 2~4 粒种子，颖两侧不对称，第一颖长 3~6 mm，第二颖长 4~6 mm，先端具长 1 mm 左右的短尖头，外稃无毛或具稀疏微毛。实测宁夏本地蒙古冰草种子千粒重 1.46 g,每千克约 68 万粒种子，内蒙古自治区引进蒙古冰草种子千粒重 1.52 g，每千克约 66 万粒种子(图 1-1,图 1-2)。

图 1-1　宁夏蒙古冰草植株及种子图

图 1-2　蒙古冰草(内蒙)植株及种子图

主要分布区域:内蒙古、宁夏、山西、陕西、甘肃等省区。生于干燥草原、沙地。

1.1.2　沙生冰草

禾本科冰草属多年生草本植物,是各种家畜喜食的良好牧草。

别名:荒漠冰草

学名:*Agropyron desertorum*（Fisch.）Schult.

形态特征:疏丛型,直立,光滑或紧接花序下被柔毛,高 20~70 cm。叶片长 5~10 cm,宽 1~3 mm,多内卷成锥状。穗状花序直立,其与蒙古冰草的区别在于,它的花序较紧密而狭窄,花序长 4~8 cm,宽 5~10 mm,穗轴节间长 1~1.5 mm,小穗长 5~10 mm,宽 3~5 mm,含 4~7 小花;颖呈舟形,脊上有稀疏短柔毛,外稃通常无毛或有时背部以及边脉上有短刺毛,种子千粒重 1.80 g,每千克约 56 万粒种子(图 1–3)。

主要分布区域:内蒙古、山西、甘肃等省区。多生于干燥草原、沙地、丘陵地。

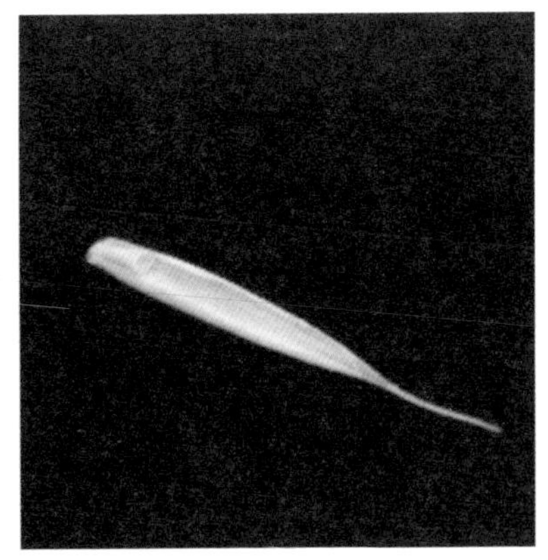

图 1–3 沙生冰草植株及种子图

1.1.3 扁穗冰草

禾本科冰草属多年生草本植物,是马和羊最喜食的牧草。

学名:*Agropyron cristatum*（L.）Gaertn.

形态特征:呈疏丛型,高 20~75 cm。叶片长 5~15(20) cm,宽 2~5 mm,质较硬而粗糙,常内卷,上面叶脉强烈隆起成纵沟,脉上有微小短硬毛。上部紧接花序部分有短柔毛或无毛。穗状花序,较粗壮,矩圆形或两端微窄,长 2~6 cm,宽 8~15 mm;小穗紧密平行排列成两行,整齐呈篦齿状,含(3)5~7 小花,长 6~9(12) mm;颖呈舟形,脊上连同背部脉间有长柔毛,第一颖长 2~3 mm,第二颖长 3~4 mm,具略短于颖体的芒。种子千粒重 1.80 g,每千克约 56 万粒种子(图 1-4)。

主要分布区域:东北、华北地区及内蒙古、甘肃、青海、新疆等省区。生于干燥草地、山坡、丘陵以及沙地。

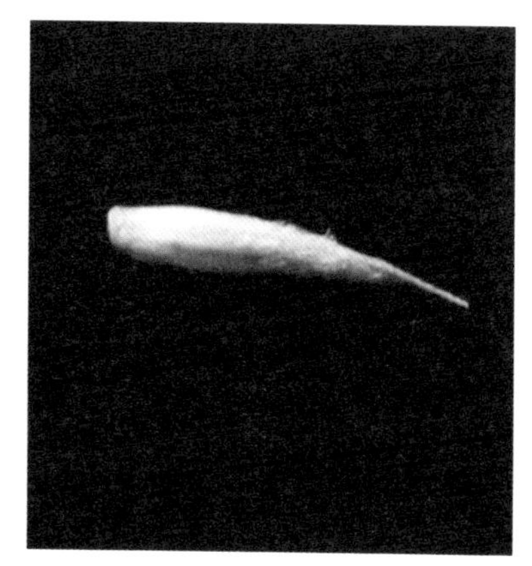

图 1-4　扁穗冰草植株及种子图

1.1.4　细茎冰草

禾本科披碱草属多年生草本植物,各类牲畜的适口性都很好。是加拿大西部第一个被普遍使用播种的当地草种,被称为“西部黑麦草”。

别名:细茎披碱草

学名:*Agropyron trachycaulum*(Linn.) Gaertn.

形态特征:疏从型禾草,茎秆高 60~120 cm,直立,茎基部呈微红或紫色穗。叶较冰草属草宽,宽 0.5~0.8 cm,长 11~19 cm。穗状花序,有小花 30--45 朵,种子较大,千粒重 3.42 g,每千克约有 29 万粒种子(图 1-5)。

主要分布区域：适应北方地区各种类型的土壤，但更喜欢排水良好的沙壤土。

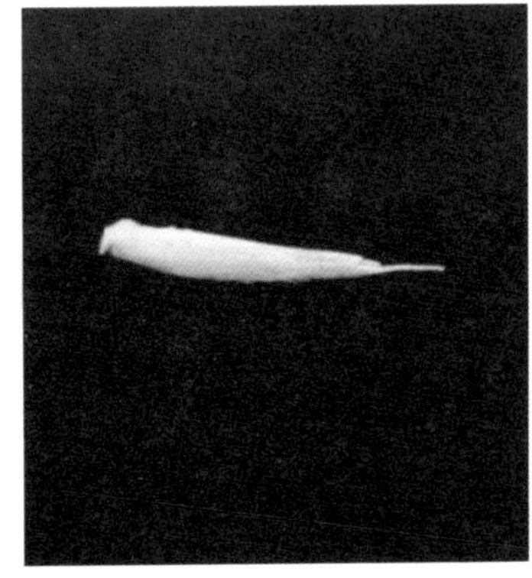

图 1–5　细茎冰草植株及种子图

1.1.5　格兰马草

禾本科格兰马草属多年生草本植物，原产中美洲，暖季型草坪草，我国引入试种为牧草。

学名：*Bouteloua gracilis*（H. B. K.）Lag. ex Steud.

形态特征：稠密丛状草，直立，高 20~60 cm。叶鞘光滑，紧密裹茎，有卷曲趋势；叶片狭长，扁长或稍卷折，长 20~30 cm，宽 1~2 mm，上面微粗糙，下面光滑。穗状花序，长 2.5~5 cm，成熟时呈镰形弯曲，穗轴不延伸至顶生小穗之后，小穗长 5~6 mm，紧密地栉齿状排列成 2 行，小穗轴脱节于颖之上，颖窄呈披针形，第一颖长约 3.5 mm，第二颖长 3.5~6 mm，脊上可疏生长疣毛。种子较轻，千粒重 0.37 g，每千克约有 270 万粒种子(图 1–6)。

主要分布区域：生长在北美大平原地区。适应的土壤范围广，最适宜细质、高原土壤。

图 1-6 格兰马草植株及种子图

1.1.6 老芒麦

禾本科披碱草属多年生草本植物，是披碱草属植物中饲用价值最大的一种牧草。

别名:西伯利亚披碱草、垂穗大麦草

学名:*Elymus sibiricus* L.

形态特征:疏丛型,直立或基部稍倾斜,高 60~90 cm。叶片粗糙扁平,狭长条形,有时上面生短柔毛,长 10~20 cm,宽 5~10 mm。穗状花序较疏松而下垂,长 15~20 cm,通常每节具 2 枚小穗,穗轴边缘粗糙或具小纤毛,小穗灰绿色或稍带紫色,含(3)4~5 小花,颖狭披针形,粗糙,长 4~5 mm,具 3~5 明显的脉,脉上粗糙,背部无毛,颖果长扁平圆形,种子千粒重 3.43 g,每千克约 29 万粒种子(图 1-7)。

主要分布区域:中国东北地区及内蒙古、河北、山西、陕西、甘肃、宁夏、青海、新疆、四川、西藏等省区,世界上栽培面积不大,但在我国北方地区是重要的栽培牧草,对土壤的适应性较广。

图 1-7　老芒麦植株及种子图

1.1.7　格林针茅

禾本科针茅属多年生草本植物。

学名：*Stipa virdula*

形态特征：疏丛型，直立，高 50~120 cm。叶片卷曲呈线形，光滑，有叶脉，叶鞘边缘多柔毛。穗状花序，花期在 6 月上旬，芒针卷曲，颖狭披针形，粗糙，长 4~5 mm，具 3~5 明显的脉，脉上粗糙，背部无毛，外稃顶端有长芒，颖果长扁平圆形，种子千粒重 2.20 g，每千克约 45 万粒种子(图 1-8)。

图 1-8　格林针茅植株及种子图

1.1.8　披碱草

禾本科披碱草属多年生草本植物，是优质高产的饲草。

别名：直穗大麦草、青穗大麦草

拉丁名：*Elymus dahuricus* Turcz.

形态特征：秆疏丛型，直立，高 70~140 cm。叶片扁平，上面粗糙，下面光滑，长 15~25 cm，宽 5~9（12）mm。叶鞘光滑无毛，叶量较老芒麦少。穗状花序直立，较紧密，长 14~18 cm，宽 5~10 mm，穗轴边缘具小纤毛，中部各节具 2 小穗，小穗绿色，成熟后变为草黄色，长 10~15 mm，含 3~5 小花；颖呈披针形或线状披针形，长 8~10 mm，有 3~5 明显而粗糙的脉。种子千粒重 6.09 g，每千克约 16 万粒种子（图 1-9）。

图 1-9　披碱草植株及种子图

主要分布区域：主要分布于东北、华北和西南地区。内蒙古、河北、河南、山西、陕西、青海、四川、新疆、西藏等省区亦有分布。较老芒麦适应能力强，可在干旱、贫瘠、含碱量高的土壤正常生长。

1.1.9　长穗偃麦草

禾本科偃麦草属多年生草本植物。是家畜，尤其是牛喜食的、饲用价值较高的牧草。与小麦属亲缘关系较近，有些种已被用于小麦杂交育种的材料。

学名：*Elytrigia elongata*（Host）Nevski

形态特征：茎直立，坚硬，高 70~120 cm。叶质较柔软，叶片扁平，长15~30 cm，宽 8~12 mm，叶片下面光滑，上面粗糙或有疏生柔毛，叶鞘通常短于节间，叶鞘无毛或分蘖的叶鞘有柔毛。穗状花序直立，长 10~18 cm，宽 8~15 mm，穗轴节间长 1.5~3 cm，小穗单生于穗轴之每节，含 6~10 朵花，成熟时脱节于颖之下，颖长圆形，顶端钝圆或稍平截，具 5 脉，粗糙。种子千粒重 5.48 g，每千克约 18 万粒种子(图 1-10)。

主要分布区域：原产欧洲中部，我国引种栽培，适应性非常强，在内蒙古、宁夏、甘肃、青海、新疆和西藏等省区有分布。

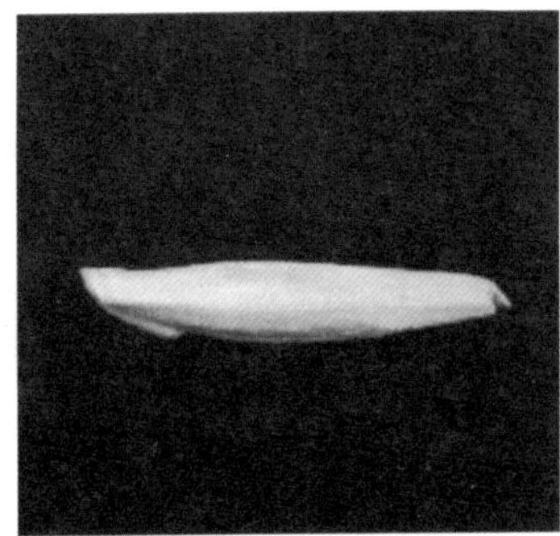

图 1-10　长穗偃麦草植株及种子图

1.1.10　草木樨状黄芪

豆科黄芪属多年生草本植物，广生旱生植物。为中上等豆科牧草。

别名：草木樨状紫云英、扫帚蒿

学名：*Astragalus melilotoides* Pall.

形态特征：茎直立或斜生，高 60~100 cm，多分枝，被白色短柔毛。奇数羽状复叶，有 5~7 片小叶，长 5~15 mm，宽 1~5 mm，长圆形或条状长圆形。总状花序,稀疏,花小,呈白色或带粉红色,花梗长 1~2 mm,种子肾形,暗褐色,千粒重 2.01 g,每千克约 50 万粒种子(图 1-11)。

主要分布区域:我国北方各省均有分布,多见于砾石质、砾质轻沙或沙壤质的山坡、丘陵坡地。

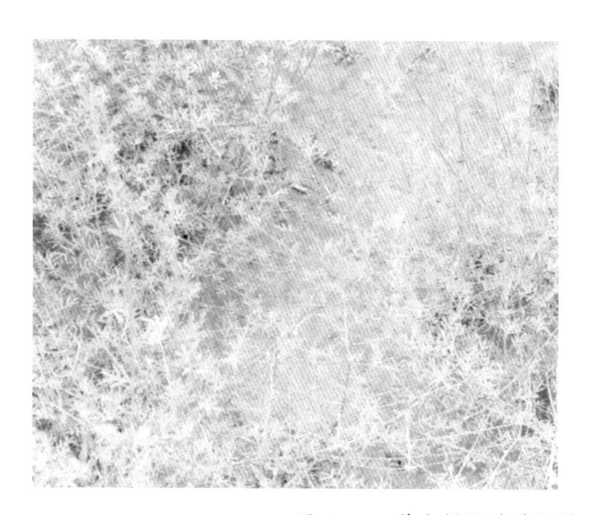

图 1-11 草木樨状黄芪植株及种子图

1.1.11 牛枝子

豆科胡枝子属多年生小灌木。各种家畜均喜采食,是干旱地区优等的豆科牧草,也可作水土保持及固沙植物。

学名:*Lespedeza potaninii* Vass.

形态特征:茎斜生或平卧呈匍匐状,高 10~30 cm。基部多分枝,有细棱,羽状复叶,具 3 小叶,呈狭长圆形、椭圆形至宽椭圆形,长 8~15 mm,宽 0.5~1.0 cm,先端钝圆或微凹,具小刺尖。总状花序腋生,长于叶,花萼密被长柔毛,花冠黄白色,稍超出萼裂片,荚果倒卵形,种子千粒重 1.88 g,每千克约 53 万粒种子(图 1-12)。

主要分布区域:辽宁(西部)、内蒙古、河北、山西、陕西、宁夏、甘肃、青海、山东、江苏、河南、四川、云南、西藏等省区均有分布。生于荒漠草原、草原带的沙质地、砾石地、丘陵地、石质山坡及山麓。

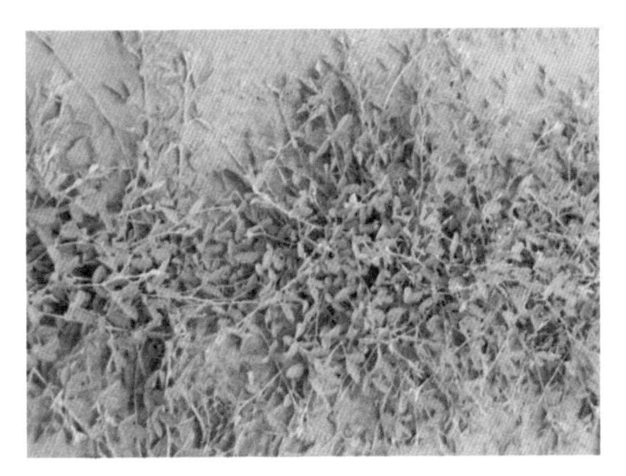

图 1–12　牛枝子植株及种子图

1.1.12　达乌里胡枝子

豆科胡枝子属多年生草本状小灌木，是优良的饲用植物。

学名：*Lespedeza davurica*（Laxm.）Schindl.

形态特征：茎斜生，高 50~100 cm，多分枝，小枝绿褐色，老枝黄褐色或赤褐色，有条棱，被疏短毛。羽状复叶，具 3 小叶，小叶质薄，卵形、倒卵形或卵状长圆形，长 1.5~5 cm，宽 1.0~2.0 cm，先端钝圆或微凹，具短刺尖，基部近圆形。总状花序腋生，较叶短或与叶等长，常构成大型、较疏松的圆锥花序，花冠白色或黄白色，中央稍带紫色。荚果斜倒卵形，稍扁。种子千粒重 2.03 g，每千克种子约 49 万粒(图 1–13)。

主要分布区域：中国东北、华北经秦岭淮河以北至西南各省均有分布。生长在山坡、草地、路旁及沙质地上。

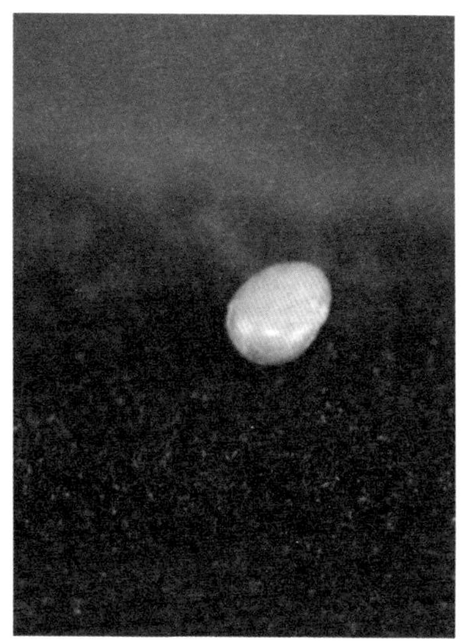

图 1-13 达乌里胡枝子植株及种子图

1.1.13 小冠花

豆科小冠花属多年生草本植物。产草量及营养物质含量高，是家畜喜食的优质饲草；固氮能力强，花期长且鲜艳，也可做绿肥植物、花卉植物和蜜源植物。

学名：*Coronilla varia* L.

形态特征：茎直立，粗壮，圆柱形，多分枝，高 50~100 cm，小枝圆柱形，具条棱，幼时稀被白色短柔毛，后变无毛。奇数羽状复叶，具小叶 11~17，小叶薄纸质，椭圆形或长圆形，长 15~25 mm，宽 4~8 mm，先端具短尖头，基部近圆形，两面无毛。伞形花序腋生，花 5~10（20）朵，密集排列成绣球状，花冠紫色、淡红色或白色，有明显紫色条纹。荚果细长呈圆柱形，稍扁，呈黄褐色。种子千粒重 3.41 g，每千克约 29 万粒种子(图 1–14)。

主要分布区域：南欧和地中海中南、亚洲西南和北非、俄罗斯等地。我国最早从美国引入，在长江中下游、黄河流域、华北和西北地区均有种植。抗逆性强,抗旱、耐寒、耐瘠薄、耐盐碱,在瘠薄土壤也能正常生长。

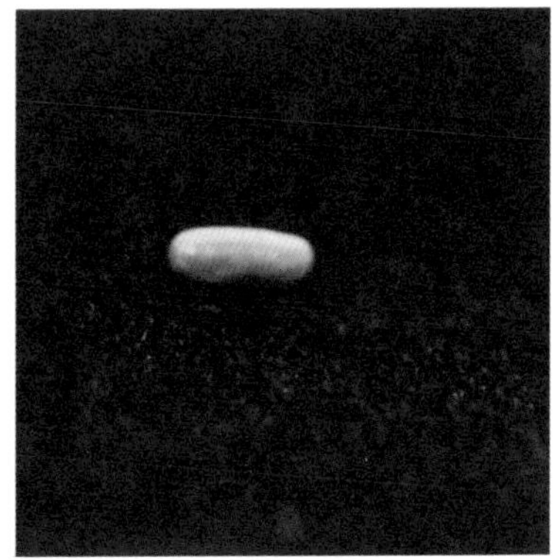

图 1-14 小冠花植株及种子图

1.1.14 鹰嘴紫云英

豆科黄芪属多年生草本植物。草质柔软,营养丰富,是一种优良的豆科牧草,且根蘖发达,固土力强,也是优良的水土保持植物。

别名:鹰嘴黄芪

学名:*Astragalus cicer* L.

形态特征:密集伏地生,株高 40~60 cm,为根型草类,有主根、侧根和支根。茎基部紫红色,上部绿色,直立或斜卧,一般可从基部产生 4~6 个分枝。奇数羽状复叶,小叶 15~33 枚,长椭圆状卵形,长 2.5~4 cm,宽 1~1.5 cm,先端微尖,基部楔形,两面均有毛。总状花序,腋生,长 4~6 cm,有花 5~40 朵,梦钟状,花冠为绿白色,渐变为黄色或黄白色。荚果胱状,较大,内有种子 3~11 粒。种子肾形,黄色,有光泽,千粒重 3.88 g,每千克约有 26 万粒种子(图 1-15)。

主要分布区域:我国 20 世纪 70 年代初从美国和加拿大引入,在北京、陕西、山西、河南、宁夏、内蒙古、辽宁、黑龙江等省区均有种植,喜生长在排水良好，土层深厚的黑土和改良的褐色土、黄土等地。

图 1-15　鹰嘴紫云英植株及种子图

1.2　物候及生育期

15 种牧草物候期和生育期各不相同（图 1-16）。总体表现为：禾本科牧草中除格兰马草（F）的返青期稍晚之外（4 月 20 日返青），其余禾本科牧草返青时

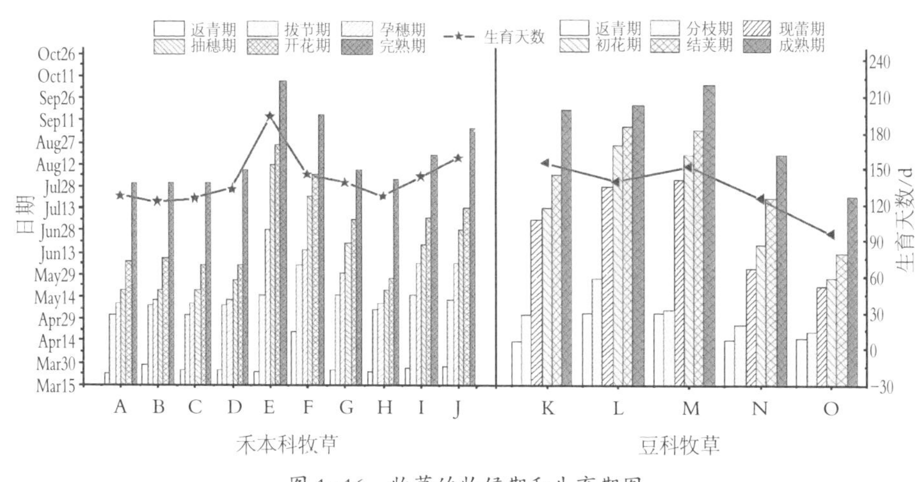

图 1-16　牧草的物候期和生育期图

间均在 3 月中下旬，且都早于豆科牧草的返青时间，豆科牧草返青时间在 4 月中下旬和 5 月上旬。

15 种牧草的生育期为 96~193 天。其中，禾本科牧草生育期最长的为细茎冰草（E），生育期为 193 天，最短的为蒙古冰草（内蒙）（B），生育期为 122 天；其余禾本科牧草生育期基本为 125~159 天。豆科牧草中，生育期最短的为鹰嘴紫云英（O），生育期仅为 96 天，最长的为草木樨状黄芪，生育期为 155 天，其余生育期为 125~152 天。

2 牧草种子萌发期抗性研究

2.1 种子萌发期抗旱性研究

2.1.1 试验方法与设计

选择成熟、大小均匀一致的种子 100 粒作为萌发材料。每粒种子用 0.1%高锰酸钾消毒 3 分钟,用蒸馏水清洗干净,再用滤纸吸干后,均匀的置于铺有 2 层滤纸的培养皿(直径 9 cm)中。

用浓度为 0、5%、10%、15%、20%和 25%的 PEG-6000 水溶液模拟干旱胁迫,对引选牧草种子进行干旱胁迫试验,对照为蒸馏水,放入型号为 RTOP-1000D 的智能人工气候培养箱中。每天观察种子发芽情况,并分别记录发芽种子数和发霉种子数,进行到第 15 天时结束发芽试验。试验结束后测定每种发芽种子的胚芽长和胚根长,每组测定 10 株,3 次重复。

培养条件为昼/夜温度为 25℃/20℃,湿度为 60%,光照/黑暗时间为 12 h/12 h。以胚芽突破种皮且达到 1/2 种子长为发芽标准,每天观察种子发芽情况,并分别记录发芽种子数,并通过观察,适时补充相应量 PEG 溶液和蒸馏水,以维持培养皿内渗透势,进行到第 15 天时结束发芽试验。

测定指标:

发芽率(germination percentage,GP)=(种子总发芽数/供试种了数)×100%

发芽势(germination rate,GR)=(规定时间内种子发芽数/供试种子数)×100%

胚芽长(plumule length,PL)和胚根长(radicle length,RL):从每个培养皿中随机选取10株生长正常的种苗,用直尺测量芽长和根长,若不足10株的则全部测量,每个处理3组重复。

发芽指数(germination index,GI)=试验内发芽总种子数/发芽的天数

活力指数(vigor index,VI)=苗长×发芽指数

相对发芽率(relative germination percentage,RGP)=(胁迫处理发芽率/对照发芽率)×100%

相对发芽势(relative germination rate,RGR)=(胁迫处理发芽势/对照发芽势)×100%

相对胚芽长(relative plumule length,RPL)=(胁迫处理胚芽长度/对照胚芽长)×100%

相对胚根长(relative radicle length,RRL)=(胁迫处理胚根长度/对照胚根长)×100%

相对发芽指数 (relative germination index,RGI)=(胁迫处理发芽指数/对照发芽指数)×100%

相对活力指数 (relative vigor index,RVI)=(胁迫处理活力指数/对照活力指数)×100%

相对胚根重 (relative radicle weight,RRW)=(胁迫处理胚根重/对照胚根重)×100%

抗旱性综合评价:

在植物抗旱性研究中,模糊数学隶属函数法被广泛应用,本研究也采用此方法对不同牧草种质资源的生理指标抗旱性进行评价。

(1)正隶属函数:$X_{ij1}=(x_{ij}-x_{jmin})/(x_{jmax}-x_{jmin})$

(2)反隶属函数:$X_{ij2}=(x_{jmax}-x_{ij})/(x_{jmax}-x_{jmin})$

(3)标准差系数：$v_j=\sqrt{\frac{\sum_{i=1}^{n}(x_{ij}-\overline{x}_j)^2}{\overline{x}_j}}$

(4)权重：$w_j=\frac{v_j}{\sum_{j=1}^{m}v_j}$

(5)综合评价值：$D=\sum_{j=1}^{n}x_{ij1}w_j$

上述公式中 X_{ij} 为第 i 种植物的第 j 个指标的测定值；X_{jmin} 与 X_{jmax} 分别表示所有植物中第 j 个指标测定值的最小值与最大值；当测定指标为负向指标时，应采用反隶属函数。

植物抗旱性评价：

抗旱级别根据各植物综合评价值 D 值大小进行抗旱性评价。

2.1.2 结果分析

2.1.2.1 PEG 溶液胁迫对禾本科牧草种子萌发的影响

(1)对发芽率和相对发芽率的影响

从表 2-1 看出，格兰马草(F)在 PEG 溶液胁迫下，发芽率在 5%~25%浓度间差异不显著($P>0.05$)，说明该种质材料对干旱胁迫的影响不敏感；蒙古冰草(内蒙)(B)和扁穗冰草(D)在 5%浓度 PEG 溶液胁迫下，种子的发芽率显著高于 10%~25%($P<0.05$)，表明该两种种质对干旱胁迫较为敏感；宁夏蒙古冰草(A)、老芒麦(G)和格林针茅(H)，在 PEG 浓度 5%和 10%胁迫下，种子发芽率差异不显著($P>0.05$)，但其发芽率显著高于 15%~25%浓度($P<0.05$)，说明该 3 种种质对 5%和 10%这两种干旱胁迫不敏感。

从相对发芽率的数据来看，蒙古冰草(内蒙)(B)在 5%和 10%浓度 PEG 胁

表 2-1　不同浓度 PEG 溶液胁迫下禾本科牧草种子发芽率(%)和相对发芽率表

编号	发芽率(GP)					相对发芽率(RGP)				
	5%	10%	15%	20%	25%	5%	10%	15%	20%	25%
A	45.00 Ca	40.00 Ea	20.67 DEb	5.67 Cbc	0.00 Fc	91.84 BCDa	81.63 ABCa	42.18 Db	11.56 Cc	0.00 Dc
B	48.00 Ca	40.00 Eb	14.00 Dc	6.00 Cd	0.00 Fd	129.73 Aa	108.11 Ab	37.84 Dc	16.22 Cd	0.00 De
C	87.00 Aa	91.33 Aa	76.33 Aab	55.67 Bb	18.67 CDc	94.91 BCDa	99.64 Aa	83.27 ABCa	60.73 Bb	20.36 CDc
D	39.33 Ca	29.33 Fb	26.33 CDb	5.00 Cc	1.00 Fc	61.78 Da	41.36 Db	46.07 Db	7.85 Cc	1.57 Dc
E	67.67 Ba	55.00 Da	44.67 BCab	13.67 Cbc	10.67 DEc	75.46 CDa	61.34 BCDa	49.81 CDa	15.24 Cb	11.90 Db
F	36.67 Da	12.33 Ga	7.33 DEa	19.67 Ca	23.33 EFa	96.97 ABCa	69.70 BCa	109.09 Aa	48.48 Ba	63.64 ABa
G	87.67 Aa	72.67 Ca	46.67 BCb	10.33 Cc	21.67 Cbc	100.38 ABCa	83.21 ABa	53.44 CDb	11.83 Cc	24.81 CDc
H	83.00 Aa	83.67 ABa	60.33 ABb	46.33 Bc	34.00 Bd	98.81 ABCa	99.60 Aa	71.83 BCDb	55.16 Bc	40.48 BCd
I	82.00 Aa	74.00 BCa	70.00 Aab	68.00 Aab	47.00 Ab	116.04 ABa	104.72 Aa	99.06 ABa	96.23 Aa	66.51 Ab
J	11.00 Da	8.33 Gab	6.67 Eab	3.67 Cb	1.33 Fb	73.33 CDa	55.56 CDab	44.44 Dab	24.44 Cbc	8.89 Dc

注:A-宁夏蒙古冰草、B-蒙古冰草(内蒙)、C-沙生冰草、D-扁穗冰草、E-细茎冰草、F-格兰马草、G-老芒麦、H-格林针茅、I-披碱草、J-长穗偃麦草;不同字母表示在 5%水平下的差异显著性。大写字母表示不同种质材料在同一胁迫水平下的差异,小写字母表示同一种质材料在不同胁迫水平下的差异;下同。

迫下,种子相对发芽率增幅最大,分别为 CK 的 129.73%和 108.11%,其次是种质披碱草(I),增幅分别为 CK 的 116.04%和 104.72%;在 25%高浓度 PEG 溶液胁迫下,宁夏蒙古冰草(A)和蒙古冰草(内蒙)(B),相对发芽率均为 0,披碱草(I)相对发芽率最高,为 66.51%,其次是格兰马草(F),为 63.64%,显著高于其他种质材料(P<0.05),表明在高浓度 PEG 溶液胁迫下披碱草(I)和格兰马草(F)

的抗旱性强于其他种质。

(2)对发芽势和相对发芽势的影响

从表 2-2 看出,种质材料宁夏蒙古冰草(A)、蒙古冰草(内蒙)(B)、沙生冰草(C)、细茎冰草(E) 、老芒麦(G)、披碱草(I)和长穗偃麦草(J)在 PEG 溶液胁迫下,发芽势在 5%和 10%浓度间差异不显著($P>0.05$),但显著高于 20%和25%浓度($P<0.05$);扁穗冰草(D)在 PEG 溶液浓度 5%时,种子发芽势显著高于其他浓度($P<0.05$);从同一浓度不同种质间比较发现,沙生冰草(C)、老芒麦(G)、格林针茅(H)和披碱草(I)在 5%浓度 PEG 溶液胁迫下,其种子发芽势显

表 2-2 不同浓度 PEG 溶液胁迫下禾本科牧草种子发芽势(%)和相对发芽势表

编号 Number	发芽势(GP)					相对发芽势(RGP)				
	5%	10%	15%	20%	25%	5%	10%	15%	20%	25%
A	20.00 BCa	19.33 CDa	7.33 Cb	0.33 Bb	0.00 Cb	103.45 ABa	100.00 ABCa	37.93 ABb	1.72 Bb	0.00 Bb
B	31.67 Ba	28.33 Ca	10.33 BCb	0.33 Bb	0.00 Cb	158.33 Aa	141.67 Aa	51.67 ABDb	1.67 Bb	0.00 Bb
C	77.00 Aab	85.67 Aa	56.33 Abc	36.33 Ac	2.33 BCd	88.85 ABab	98.85 ABCa	65.00 ABbc	41.92 Ac	2.69 Bd
D	16.00 BCa	7.00 Db	7.33 Cb	1.00 Bc	0.00 Cc	52.17 Ba	22.83 Db	23.91 Bb	3.26 Bc	0.00 Bc
E	14.67 BCa	11.67 CDa	4.67 Cb	2.00 Bbc	0.00 Cc	47.31 Ba	37.63 Da	15.05 Bb	6.45 Bbc	0.00 Bc
F	9.00 BCa	4.67 Dab	7.33 DCa	0.33 Bb	0.00 Cb	84.38 ABa	43.75 EDab	68.75 ABa	3.13 Bb	0.00 Bb
G	61.33 Aa	50.67 Ba	23.67 BCb	4.33 Bc	0.33 Cc	78.97 ABa	65.24 BCDa	30.47 Bb	0.43 Bc	5.58 ABc
H	71.67 Aa	57.00 Bb	37.00 ABc	17.33 ABd	7.33 ABd	93.48 ABa	74.35 BCDb	48.26 ABc	22.6 ABd	9.57 ABd
I	68.67 Aa	68.00 ABa	53.00 Aab	32.00 Ab	7.67 Ac	115.73 ABa	114.61 ABa	89.33 Aab	53.93 Ab	12.92 Ac
J	5.67 Ca	5.33 Da	3.00 Cab	0.00 Bb	0.33 Cb	62.96 Ba	59.26 CDa	33.33 Bab	0.00 Bb	3.70 ABb

著高于其他种质材料（$P<0.05$）；在25%高浓度PEG溶液胁迫下，披碱草（I）显著高于同浓度胁迫下除格林针茅（H）外的其他种质材料种子的发芽势（$P<0.05$），说明这种种质材料种子发芽势对干旱胁迫不敏感。

从相对发芽势来看，蒙古冰草（内蒙）（B）在5%和10%浓度PEG胁迫下，种子相对发芽势增幅最大，分别为CK的158.33%和141.67%，在5%浓度的PEG溶液中，显著高于种质扁穗冰草（D）、细茎冰草（E）和长穗偃麦草（J），在10%浓度的PEG溶液中，显著高于扁穗冰草（D）、细茎冰草（E）、格兰马草（F）、老芒麦（G）、格林针茅（H）和长穗偃麦草（J）；其次是披碱草（I），增幅分别为CK的115.73%和114.61%。在25%高浓度PEG溶液胁迫下，宁夏蒙古冰草（A）、蒙古冰草（内蒙）（B）、扁穗冰草（D）、细茎冰草（E）和格兰马草（F）的相对发芽势均为0，披碱草（I）的相对发芽势最高，为12.92%，与老芒麦（G）、格林针茅（H）和长穗偃麦草（J）差异不显著（$P>0.05$），但显著高于其他种质材料（$P<0.05$），表明在PEG溶液胁迫下披碱草（I）对干旱胁迫不敏感。

（3）对相对胚芽长和相对胚根长的影响

从表2-3看出，10种种质资源种子相对胚芽长（RPL）随着PEG溶液浓度的升高，均呈现降低的趋势。在5%浓度的PEG溶液胁迫下，老芒麦（G）的RPL值最大，为CK的139.90%，显著高于宁夏蒙古冰草（A）、沙生冰草（C）、细茎冰草（E）、格兰马草（F）、格林针茅（H）、披碱草（I）和长穗偃麦草（J）（$P<0.05$）；格林针茅（H）的RPL值最低，为CK的77.18%，显著低于宁夏蒙古冰草（A）、蒙古冰草（内蒙）（B）、扁穗冰草（D）、格兰马草（F）和老芒麦（G）（$P<0.05$）。在25%高浓度的PEG溶液胁迫下，宁夏蒙古冰草（A）、蒙古冰草（内蒙）（B）和沙生冰草（C）的RPL值降幅最大，相对胚芽长均降为0，种质细茎冰草（E）的RPL值最大，显著高于其他种质材料（$P<0.05$）。

从相对胚根长数据看，10种种质资源种子相对胚根长（RRL）随着PEG溶

表 2-3 不同浓度 PEG 溶液胁迫下禾本科牧草种子相对胚芽长和相对胚根长表

编号 Number	相对胚芽长(RPL)					相对胚根长(RRL)				
	5%	10%	15%	20%	25%	5%	10%	15%	20%	25%
A	105.53 BCDa	75.12 CDb	33.49 Dc	0.00 Cd	0.00 Bd	74.63 Ca	69.40 ABa	61.57 ABa	13.43 Cb	0.00 Db
B	117.93 ABa	99.09 ABa	46.92 CDb	5.43 Cc	0.00 Bc	81.95 Ca	69.92 ABab	37.59 Bbc	8.77 Cc	0.00 Dc
C	98.53 BCDEa	90.96 ABCa	61.17 BCDb	20.91 BCc	0.00 Bc	90.04 BCa	60.17 Bb	44.59 Bbc	23.38 BCcd	0.00 Dd
D	130.80 Aa	106.12 Aa	71.52 BCb	32.52 BCc	27.22 Bc	73.91 Ca	63.04 Bab	59.13 Bab	37.39 BCab	30.43 CDb
E	87.17 CDEa	84.36 BCDa	84.40 ABa	75.25 Aa	73.68 Aa	89.16 BCa	87.19 ABa	81.77 ABa	67.00 ABa	63.55 Aa
F	107.25 BCa	79.71 CDab	73.97 BCab	50.72 ABbc	36.65 Bc	141.14 Aa	87.09 ABb	81.31 AABb	54.50 ABCbc	33.78 BCc
G	139.90 Aa	107.54 Aa	106.67 Aa	31.09 BCb	29.64 Bb	132.09 ABa	106.68 Aab	104.81 Aab	97.33 Aab	61.36 ABb
H	77.18 Ea	67.71 Da	64.45B CDab	49.62 ABab	33.05 Bb	110.11 ABCa	97.00 ABa	80.90 ABa	70.79 ABa	67.79 Aa
I	81.68 DEa	68.98 Da	51.16 CDb	31.39 BCc	11.67 Bd	130.60 ABa	97.11 ABa	54.22 Bb	53.25 ABCb	21.93 CDb
J	93.26 CDEa	78.86 CDa	72.34 BCa	12.58 Cb	6.81 Bb	84.82 Ca	77.24 ABa	58.17 Bab	33.66 BCbc	21.89 CDc

液浓度的升高,也均呈现降低的趋势。在 5%浓度的 PEG 溶液胁迫下,格兰马草(F)的 RRL 值最大,为 CK 的 141.14%,显著高于宁夏蒙古冰草(A)、蒙古冰草(内蒙)(B)、沙生冰草(C)、扁穗冰草(D)、细茎冰草(E)和长穗偃麦草(J)($P<0.05$);扁穗冰草(D)的 RRL 值最低,为 CK 的 73.91%。在 25%高浓度的 PEG 溶液胁迫下,宁夏蒙古冰草(A)、蒙古冰草(内蒙)(B)和沙生冰草(C)的 RRL 值降幅最大,相对胚根长均降低为 0,格林针茅(H)的 RRL 值最大,显著高于宁夏蒙古冰草(A)、蒙古冰草(内蒙)(B)、沙生冰草(C)、扁穗冰草(D)、格兰马

草(F)、披碱草(I)和长穗偃麦草(J)(P<0.05)。

(4)对相对发芽指数和相对活力指数影响

由表2-4可知,10种多年生禾本科牧草种质材料相对发芽指数均随着干旱胁迫的增强,而呈现降低的趋势。其中种质材料宁夏蒙古冰草(A)、扁穗冰草(D)、细茎冰草(E)和长穗偃麦草(J)在5%浓度的干旱胁迫下,种子相对发芽指数表现出不同程度的降幅,其中降幅较大的为扁穗冰草(D),种子相对发芽指数仅为CK的61.78%,说明这4种种质材料对干旱胁迫较为敏感;种质材料蒙古冰草(内蒙)(B)、格兰马草(F)和披碱草(I)相对发芽指数在5%~10%均呈现

表2-4 不同PEG胁迫对禾本科牧草种子相对发芽指数和相对活力指数的影响表

编号 Number	相对发芽指数(RGI)					相对活力指数(RVI)				
	5%	10%	15%	20%	25%	5%	10%	15%	20%	25%
A	91.84 CDa	81.63 ABCa	42.18 CDb	11.56 CDc	0.00 Dc	103.85 BCa	67.63 ABCb	15.96 Cc	0.00 Dc	0.00 Cc
B	129.73 Aa	108.11 Ab	37.84 Dc	16.22 CDd	0.00 De	141.87 Aa	99.21 Ab	17.58 Cc	1.09 Dc	0.00 Cc
C	102.91 BCa	91.64 ABab	83.27 ABb	60.73 Bc	20.36 Cd	103.98 BCa	85.33 ABa	51.24 ABb	13.38 BCDc	0.00 Cc
D	61.78 Ea	44.50 Db	42.93 CDb	7.85 Dc	1.57 Dc	66.89 Da	39.40 Cb	25.33 BCc	2.35 Dd	0.54 Cd
E	75.46 DEa	61.34 BCDa	49.81 CDa	15.24 CDb	11.90 CDb	61.06 Da	47.91 BCab	38.80 ABCb	11.04 CDc	8.68 ABCc
F	118.33 ABa	106.06 Aa	72.73 ABCab	48.48 Bb	40.91 Bb	125.11 ABa	86.12 ABab	53.79 ABbc	24.08 ABCc	17.05 Ac
G	100.38 BCa	83.21 ABCa	53.44 BCDb	27.48 Cc	9.16 CDd	131.84 ABa	83.77 ABb	56.93 Ab	15.68 BCDc	2.65 BCc
H	100.79 BCa	97.62 Aa	71.83 ABCb	55.16 Bc	40.48 Bd	84.26 CDa	71.54 ABCa	49.20 ABb	29.47 ABc	13.67 ABd
I	116.04 ABa	104.72 Aa	99.06 Aa	96.23 Aa	66.51 Ab	113.10 ABCa	86.03 ABb	60.85 Ac	37.58 Ad	9.08 ABCe
J	73.34 DEa	55.56 CDab	44.44 CDab	24.44 CDbc	8.89 CDc	81.86 CDa	51.97 BCab	36.89 ABCbc	4.13 Dc	0.54 Cc

不同程度的增幅，其中增幅最大的为蒙古冰草（内蒙）(B)，其种子相对发芽指数在5%~10%浓度下增幅为129.73%和108.11%，说明浓度5%~10%干旱胁迫，有利于这3种种质材料种子的萌发；种质材料沙生冰草（C）、老芒麦（G）和格林针茅（H），在5%浓度的干旱胁迫下，种子发芽指数与对照差异较小，说明5%浓度的干旱胁迫对这3种种质材料种子的萌发并无显著影响。

从种子相对活力指数发现，10种多年生禾本科牧草种质资源随着干旱胁迫强度的增强，其种子相对活力指数也均呈现降低的趋势。其中种质材料宁夏蒙古冰草（A）、蒙古冰草（内蒙）(B)、沙生冰草（C）、格兰马草（F）、老芒麦（G）和披碱草（I）种子相对活力指数在5%浓度干旱胁迫下，较CK呈现不同程度增幅，其中增幅最大的蒙古冰草（内蒙）(B)，增幅为141.87%，显著高于种质材料宁夏蒙古冰草（A）、沙生冰草（C）、扁穗冰草（D）、细茎冰草（E）、格林针茅（H）和长穗偃麦草（J）($P<0.05$)，说明低浓度（5%）的干旱胁迫对这6种种质材料种子萌发具有促进作用；其他种质材料扁穗冰草（D）、细茎冰草（E）、格林针茅（H）和长穗偃麦草（J），在5%浓度的干旱胁迫下，种子相对活力指数即表现出不同程度的降幅，其中降幅最大的为细茎冰草（E），仅为CK的61.06%，说明这4种种质材料种子活力对干旱胁迫非常敏感。

（5）对相对胚芽重的影响

从表2-5看出，10种禾本科种质资源中细茎冰草（E）、披碱草（I）种子相对胚芽重随着PEG溶液浓度的升高，均呈现先上升再降低的趋势。在5%浓度的PEG溶液胁迫下，扁穗冰草（D）的相对胚芽重数值最大，为CK的154.00%；格兰马草（F）的相对胚芽重数值最低，为CK的87.00%，但10种种质资源相对胚芽重均差异不显著($P>0.05$)。在25%高浓度的PEG溶液胁迫下，10种种质中宁夏蒙古冰草（A）、蒙古冰草（内蒙）(B)和沙生冰草（C）相对胚芽重数值降幅最大，均降为0，且显著低于细茎冰草（E）、披碱草（I）($P<0.05$)。

表 2-5　不同浓度 PEG 溶液胁迫下禾本科牧草种子相对胚芽重表

编号 Number	相对胚芽重(RRW)				
	5%	10%	15%	20%	25%
A	122.00Aa	114.00ABa	83.00Aab	13.00Bbc	0.00C
B	100.00Aa	91.00ABa	41.00Ab	11.00Bbc	0.00C
C	104.00Aa	85.00ABa	87.00Aa	54.00ABab	0.00C
D	154.00Aa	136.00Aa	106.00Aa	86.00Aa	25.00ABC
E	91.00Aa	97.00ABa	89.00Aa	88.00Aa	82.00Aa
F	87.00Aa	70.00ABa	43.00Aa	83.00Aa	55.00ABC
G	87.00Aa	48.00Ba	86.00Aa	38.00ABa	40.00ABC
H	107.00Aa	82.00ABa	80.00a	36.00ABa	61.00ABC
I	94.00Aa	99.00ABa	100.00Aa	93.00Aa	73.00AB
J	105.00Aa	103.00ABa	103.00Aa	78.00Aab	14.00BC

(6)禾本科牧草萌发期抗旱性综合评价

为真实全面反映植物的抗旱能力，本文采用相对发芽率(RGP)、相对发芽势(RGR)、相对胚芽长(RPL)、相对胚根长(RRL)、相对发芽指数(RGI)、相对活力指数(RVI)和相对胚根重(RRW)这 7 项抗旱指标，计算被引选的 10 种多年生禾本科牧草种质材料和 5 种豆科牧草萌发期的综合抗旱能力 D 值，以评价其抗旱性。结果表明，10 种多年生禾本科牧草种质材料 7 项抗旱指标的隶属函数综合评价值 D 为 0.207~0.722，D 值大小顺序依次为披碱草(I)>格兰马草(F)>格林针茅(H)>老芒麦(G)>沙生冰草(C)>蒙古冰草(内蒙)(B)>细茎冰草(E)>扁穗冰草(D)>宁夏蒙古冰草(A)>长穗偃麦草(J)，说明披碱草(I)萌发期抗旱性相对较强，长穗偃麦草(J)的抗旱性相对最差(表 2-6)。

表 2-6 禾本科牧草各指标隶属函数值及综合评价值表

编号	隶属函数值								
	相对发芽势	相对发芽率	相对胚根长	相对胚芽长	相对发芽指数	相对活力指数	相对胚芽重	综合评价值	排序
A	0.11	0.04	0.01	0	0.04	0.04	0.02	0.217	9
B	0.19	0.04	0	0.03	0.07	0.1	0	0.354	6
C	0.15	0.11	0.01	0.03	0.11	0.1	0.02	0.437	5
D	0	0	0.04	0.09	0	0	0.20	0.297	8
E	0	0.03	0.1	0.11	0.03	0.03	0.06	0.303	7
F	0.08	0.13	0.11	0.08	0.12	0.14	0.03	0.553	2
G	0.06	0.07	0.17	0.12	0.06	0.13	0.02	0.496	4
H	0.11	0.12	0.12	0.05	0.11	0.09	0.04	0.520	3
I	0.22	0.18	0.09	0.02	0.18	0.14	0.06	0.722	1
J	0.04	0.03	0.04	0.03	0.03	0.03	0.05	0.207	10

2.1.2.2 PEG 溶液胁迫对豆科牧草种子萌发的影响

(1)对发芽率和相对发芽率的影响

从表 2-7 看出,草木樨状黄芪(K)、牛枝子(L)在 5%~15%浓度 PEG 溶液胁迫下,种子的发芽率显著高于 20%~25%($P<0.05$),表明该 2 种种质对干旱胁迫较为敏感;小冠花(N)和鹰嘴紫云英(O),在 PEG 浓度 5%~20%胁迫下,种子发芽率差异不显著($P>0.05$),但显著高于 25%浓度发芽率($P<0.05$),说明这 2 种种质对5%~20%的干旱胁迫不敏感;达乌里胡枝子(M)在 PEG 浓度 5%、10%、15%、20%与 25%胁迫下,种子发芽率差异均不显著($P>0.05$),说明该种质对 5%~25%的干旱胁迫不敏感。

从相对发芽率的数据来看,草木樨状黄芪(K)在 5%浓度 PEG 胁迫下,种子相对发芽率增幅最大,为 CK 的 111.46%,其次是小冠花(N),增幅为 CK 的 104.37%;在 25%高浓度 PEG 溶液胁迫下,草木樨状黄芪(K)、牛枝子(L)和鹰

表 2-7　不同浓度 PEG 溶液胁迫下豆科牧草种子发芽率(%)和相对发芽率表

编号	发芽率(GP)					相对发芽率(RGP)				
	5%	10%	15%	20%	25%	5%	10%	15%	20%	25%
K	84.00 ABa	75.33 Ba	71.33 Aa	1.33 Db	0.67 Cb	111.46 Aa	100.54 Aab	95.54 Ab	1.90 Cc	0.97 Cc
L	83.3 ABa	81 ABa	77 Aa	11 CDb	5 Cb	99.6 ABa	96.8 Aa	92.0 Aa	13.14 BCb	5.97 Cb
M	79 Ba	79 ABa	81.6 Aa	80.3 ABa	77 Aa	92.63 Ba	92.63 Aa	94.96 Aa	93.41 Aa	89.53 Aa
N	91.67 Aa	88.00 Aa	77.33 Aab	83.00 Aa	57.67 Bb	104.37 ABa	100.21 Aa	87.98 Aa	94.46 Aa	65.54 Bb
O	81.66 ABa	79.67 ABa	80.67 Aa	52 ABCab	0.00 Cb	95.35 Ba	92.96 Aa	94.18 Aa	52.35 ABCb	0 Cc

注:K-草木樨状黄芪、L-牛枝子、M-达乌里胡枝子、N-小冠花、O-鹰嘴紫云英;不同字母表示在 5%水平下的差异显著性。大写字母表示不同种质材料在同一胁迫水平下的差异,小写字母表示同一种质材料在不同胁迫水平下的差异;下同。

嘴紫云英(O),相对发芽率均处于较低水平(0~5.97%),达乌里胡枝子(M)相对发芽率最高,为 89.53%,其次是小冠花(N),为 65.54%,显著高于其他 3 种种质材料($P<0.05$),表明在 PEG 溶液胁迫下达乌里胡枝子(M)和小冠花(N)的抗旱性强于其他种质。

(2)对发芽势和相对发芽势的影响

从表 2-8 看出,种质材料草木樨状黄芪(K)、牛枝子(L)、达乌里胡枝子(M)、小冠花(N)和鹰嘴紫云英(O)在 PEG 溶液胁迫下,发芽势在 5%、和 15%浓度间差异不显著($P>0.05$);草木樨状黄芪(K)、牛枝子(L)和鹰嘴紫云英(O)在 5%、10%和 15% 3 个浓度时,种子发芽势显著高于其他浓度($P<0.05$)。在 20%和 25%高浓度 PEG 溶液胁迫下,种质达乌里胡枝子(M)、小冠花(N)仍显著高于同浓度胁迫下其他种质材料种子的发芽势($P<0.05$),说明种质材料达

乌里胡枝子(M)与小冠花(N)种子发芽势对干旱胁迫不敏感。

表 2-8 不同浓度 PEG 溶液胁迫下豆科牧草种子发芽势(%)和相对发芽势表

编号 Number	发芽势(GP)					相对发芽势(RGP)				
	5%	10%	15%	20%	25%	5%	10%	15%	20%	25%
K	75.33 Aa	68.33 Aab	67 Ab	0 Cc	0 Cc	117.09 Aa	106.21 Aab	104.14 Ab	0 Cc	0 Cc
L	76.67 Aa	71.33 Aa	74.33 Aa	9.67 BCb	0.33 Cb	91.63 BCa	85.25 Ba	88.84 ABa	11.55 BCb	0.39 Cb
M	72.66 Aa	71 Aa	72.63 Aa	60 Aa	70.33 Aa	84.49 Ca	82.55 Ba	84.49 Ba	79.06 Aa	81.78 Aa
N	80.67 Aa	79.33 Aa	69.66 Aa	76.67 Aa	51.33 Bb	91.66 BCa	90.15 ABa	79.16 Ba	88.25 Aa	58.33 Bb
O	81 Aa	76.67 Aab	80.33 Aa	43.33 ABb	0 Cc	97.59 Ba	92.36 ABab	96.78 ABa	52.20 ABb	0 Cc

从相对发芽势来看,草木樨状黄芪(K)在 5%和 10%浓度 PEG 胁迫下,种子相对发芽势增幅最大,分别为 CK 的 117.09%和 106.21%,其次是鹰嘴紫云英(O),增幅分别为 CK 的 97.59%和 92.36%。在 5%浓度的 PEG 溶液中,草木樨状黄芪(K)种子相对发芽势显著高于其余种质材料($P<0.05$);在 25%高浓度 PEG 溶液胁迫下,草木樨状黄芪(K)、牛枝子(L)和鹰嘴紫云英(O)的相对发芽势均较低,其中草木樨状黄芪(K)、鹰嘴紫云英(O)的相对发芽势为 0,达乌里胡枝子(M)的相对发芽势最高,为 CK 的 81.78%,显著高于其他种质材料($P<0.05$),表明在 PEG 溶液胁迫下种质达乌里胡枝子(M)对干旱胁迫不敏感。

(3)对相对胚芽长和相对胚根长的影响

从表 2-9 看出,5 种种质资源中草木樨状黄芪(K)、牛枝子(L)、小冠花(N)种子相对胚芽长(RPL)随着 PEG 溶液浓度的升高,均呈现先上升再降低的趋势。在 5%浓度的 PEG 溶液胁迫下,牛枝子(L)的 RPL 值最大,为 CK 的

130.3%；小冠花（N）的 RPL 值最低，为 CK 的 78.68%，但 5 种种质资源相对胚芽长均差异不显著（P>0.05）。在 25%高浓度的 PEG 溶液胁迫下，5 种种质 RPL 值降幅均较大，25%PEG 浓度下相对胚芽长均为 0。

表 2-9 不同浓度 PEG 溶液胁迫下豆科牧草种子相对胚芽长和相对胚根长表

编号 Number	相对胚芽长（RPL）					相对胚根长（RRL）				
	5%	10%	15%	20%	25%	5%	10%	15%	20%	25%
K	89.01 Aab	98.86 ABab	125 ABa	0 Cb	0 Ab	108.49 Aa	84.21 Aab	0 Cb	0 Cb	0 Bb
L	130.30 Aa	182.82 Aa	133.33 Aa	123.23 Aa	0 Ab	119.60 Aa	108.49 Aa	99.34 Aa	96.07 Aa	109.80 Aa
M	93.26 Aa	61.65 Bab	69.94 Bab	24.17 BCbc	0 Ac	85.86 Aa	81.15 Aa	67.05 Ba	22.25 Cb	0 Bb
N	78.68 Aa	88.11 Ba	72.54 ABa	61.06 Ba	0 Ab	93.84 Aa	74.76 Ab	75.69 Bb	61.844 ABbc	49.69 Bc
O	81.78 Aa	54.63 Bab	75.60 ABa	29.89 BCab	0 Ab	92.04 Aa	46.98 Aabc	66.74 Bab	32.53 BCbc	0 Bc

从相对胚根长数据看，5 种种质资源除牛枝子（L）外，种子相对胚根长（RRL）基本上显现随着 PEG 溶液浓度的升高而降低的趋势。在 5%浓度的 PEG 溶液胁迫下，牛枝子（L）的 RRL 值最大，为 CK 的 119.6%；达乌里胡枝子（M）的 RRL 值最低，为 CK 的 85.86%，但 5 种种质资源相对胚根长均差异不显著（P>0.05）。在 25%高浓度的 PEG 溶液胁迫下，草木樨状黄芪（K）、达乌里胡枝子（M）和鹰嘴紫云英（O）的 RRL 值降幅最大，相对胚根长均降低为 0，牛枝子（L）的 RRL 值最大，显著高于其余种质材料（P<0.05）。

（4）对相对发芽指数和相对活力指数影响

从表 2-10 看出，5 种种质资源中达乌里胡枝子（M）、小冠花（N）和鹰嘴紫云英（O）种子相对发芽指数随着 PEG 溶液浓度的升高，均呈现先降低再上升再降低的趋势。在 5%浓度的 PEG 溶液胁迫下，草木樨状黄芪(K)的相对发芽指数值最大，为 CK 的 125.72%，显著高于其他 4 种豆科牧草($P<0.05$)；牛枝子(L)的相对发芽指数值最低，为CK 的 34.32%，显著低于草木樨状黄芪(K)、乌里胡枝子(M)和鹰嘴紫云英(O)($P<0.05$)，但与小冠花(N)差异不显著($P>0.05$)。在 25%高浓度的 PEG 溶液胁迫下，5 种种质中鹰嘴紫云英(O)相对发芽指数值降幅最大，相对发芽指数为 0。

表 2-10　不同浓度 PEG 溶液胁迫下豆科牧草种子相对发芽指数和相对活力指数表

编号 Number	相对发芽指数(RGI)					相对活力指数(RVI)				
	5%	10%	15%	20%	25%	5%	10%	15%	20%	25%
K	125.72 Aa	115.05 Aab	99.96 Ab	0.73 Cc	0.28 Cc	162.39 Aa	118.60 Aab	0 Cb	0 Bb	0 Ab
L	34.32 Da	34.08 Da	30.09 Ca	6.64 BCb	0.56 Cb	88.68 Ba	71.28 Aa	89.98 Aa	75.52 Aa	0 Ab
M	51.74 Cab	45.30 Cb	63.07 Ba	54.17 Aab	49.62 Aab	79.10 Ba	74.53 Aa	54.84 Bb	6.09 Bc	0 Ac
N	34.57 Da	32.48 Da	27.33 Ca	30.99 ABa	14.73 Bb	93.14 Ba	69.75 Aab	58.94 Bb	54.91 Ab	13.24 Ab
O	91.63 Ba	80.00 Ba	89.93 Aa	36.04 Ab	0 Cc	83.70 Ba	37.16 Aab	59.60 Bb	12.87 Bb	7.88 Ab

从相对活力指数数据看，5 种种质资源除牛枝子(L)和鹰嘴紫云英(O)外，其余 3 种种质材料种子相对活力指数均随着 PEG 溶液浓度的升高，呈现降低的趋势。在 5%浓度的 PEG 溶液胁迫下，草木樨状黄芪(K)的相对活力指数最大，为 CK 的 162.39%，显著高于其他种质材料($P<0.05$)；达乌里胡枝子(M)的相对活力指数最低，为 CK 的 79.10%。在 25%高浓度的 PEG 溶液胁迫下，种质草木樨状黄芪(K)、牛枝子(L)和达乌里胡枝子(M)的 RVI 值降幅最大，均降为 0，小冠花(N)的 RVI 值最大为 CK 的 13.24%，但 5 种种质材料间差异不显

著($P>0.05$)。

(5)对相对胚芽重的影响

从表2-11看出,5种种质资源中牛枝子(L)、小冠花(N)、鹰嘴紫云英(O)种子相对胚芽重呈现先降低再上升再降低的趋势,草木樨状黄芪(K)和达乌里胡枝子(M)相对胚芽重呈现随着PEG溶液胁迫浓度的增加而逐渐降低的趋势。在5%浓度的PEG溶液胁迫下,小冠花(N)的相对胚芽重数值最大,为CK的117%;草木樨状黄芪(K)的相对胚芽重数值最低,为CK的39%。在25%高浓度的PEG溶液胁迫下,5种种质中达乌里胡枝子(M)相对胚芽重数值降幅最大。

表2-11　不同浓度PEG溶液胁迫下豆科牧草种子相对胚芽重表

编号 Number	相对胚芽重(RRW)				
	5%	10%	15%	20%	25%
K	39.00Aa	6.00Ba	0.00Ca	0.00Ba	0.00Aa
L	103.00Aa	50.00ABa	83.00ABa	36.00ABa	40.00Aa
M	102.00Aa	92.00Aa	47.00BCb	6.00Bc	0.00Ac
N	117.00Aa	96.00Aab	127.00Aa	76.00Aab	37.00Ab
O	96.00Aa	46.00ABabc	64.00ABCab	22.00ABb	0.00Ac

(6)豆科牧草萌发期抗旱性综合评价

5种豆科牧草种质材料7项抗旱指标的隶属函数综合评价值D为0.29~0.58,D值大小顺序依次为牛枝子(L)>小冠花(N)>达乌里胡枝子(M)>鹰嘴紫云英(O)>草木樨状黄芪(K),说明牛枝子(L)萌发期抗旱性相对较强,草木樨状黄芪(K)萌发期的抗旱性相对最差(表2-12)。

表 2-12　豆科牧草各指标隶属函数值及综合评价值表

编号	隶属函数值								
	相对发芽率	相对发芽势	相对胚芽长	相对胚根长	相对发芽指数	相对活力指数	相对胚芽重	综合评价值	排序
K	0	0.024 644 716	0.035 975 9	0	0.053 168 51	0.183 285 45	0	0.297	5
L	0.003 644 34	0	0.166 189 9	0.177 562 27	0.082 819 87	0	0.155 687	0.586	1
M	0.088 188 15	0.066 704 003	0.003 612 9	0.033 271 9	0.008 890 12	0.122 848 76	0.117 114	0.440	3
N	0.082 057 23	0.064 313 728	0.029 653 8	0.085 125 4	0.059 172 54	0.026 720 66	0.237 261	0.584	2
O	0.018 558 07	0.030 336 346	0	0.023 913 24	0	0.149 014 5	0.106 857	0.329	4

2.1.3　结论与讨论

2.1.3.1　讨论

植物的抗旱性是受多种因素影响的复杂数量性状，尤其对种子萌发过程来说，其本身也是一个受多种因素影响的复杂的生理生化过程。种子萌发是指种子从吸胀作用开始的一系列有序的生理和形态的发生过程。种子的萌发需要适宜的温度、适宜的水分和充足的空气。PEG-6000 溶液模拟干旱胁迫鉴定不同植物的抗旱性被认为是目前非常可靠的一种方法。结合前人的研究基础，本文采用 PEG-6000 溶液，设定了 0%、5%、10%、15%、20%和 25%6 个梯度的胁迫浓度，来测定 15 种多年生牧草的萌发特性。发现不同种质资源对于干旱胁迫的响应程度不同，主要原因可能是植物的干旱适应能力不仅与干旱强度有关，更受其植物自身的基因调控，不同基因型植物调控自身对于干旱胁迫的表现形式不同，因此深入了解干旱胁迫对植物细胞的伤害机理，及植物细胞对干旱胁迫的应答反应十分必要。

采用种子相对发芽率(RGP)、相对发芽势(RGR)、相对胚芽长(RPL)、相对胚根长(RRL)、相对发芽指数(RGI)、相对活力指数(RVI)和相对胚芽重(RRW)7项指标,利用隶属函数法综合分析不同种质材料的抗旱能力,研究表明,这7项指标基本均表现为随着干旱胁迫强度的增强而呈现降低的趋势,这一研究结果与刘彩玲等、朱世杨等的研究结果基本一致。其中,低浓度(PEG溶液浓度5%)的干旱胁迫,对禾本科牧草蒙古冰草(内蒙)(B)、格兰马草(F)、老芒麦(G)和披碱草(I),及豆科牧草草木樨状黄芪(K)种子的萌发和活力有一定的促进作用,即"引发作用"。在"引发作用"下这几种牧草在种子萌发和活力指标上较对照有所增幅。这一研究结果与刘佳等研究的PEG胁迫紫云英种质材料萌发期的抗旱性鉴定,及梁国玲等研究PEG溶液胁迫对羊茅属植物种子萌发影响,研究结果基本相一致。分析原因认为,可能是在低浓度的PEG溶液的胁迫下,试验中种子在含有一定渗透压力的溶液当中,改变了种子的渗透势,激发了种子内酶的活性,诱导细胞膜的修复,促进了种子的引发,在种子的引发过程中,种子完成了一些有利于其后萌发及生长的物质代谢过程,而使其萌发能力得到了提高。

此外,本文研究采用相对发芽率(RGP)、相对发芽势(RGR)、相对胚芽长(RPL)、相对胚根长(RRL)、相对发芽指数(RGI)、相对活力指数(RVI)和相对胚根重(RRW)等7项指标的加权隶属函数值,对15种多年生牧草种子萌发期的抗旱性进行综合评价发现,7项指标的隶属函数值排序均不相同,这进一步说明了种子萌发是受多因素影响的结果,因此,进行抗旱性评价时应采取多指标进行综合评价,才能消除个别指标带来的片面性,也使研究结果更具有可靠性。

2.1.3.2 结论

(1)PEG模拟干旱胁迫对15种多年生牧草种子发芽率、相对发芽率、发芽势、相对发芽势、相对胚芽长、相对胚根长、相对胚根重、相对发芽指数和相对活力指数均有影响，且种质间差异较大，但均表现出随着干旱胁迫强度的增强,而呈现降低趋势;

(2)低浓度(5%)PEG 溶液模拟干旱胁迫对禾本科牧草蒙古冰草(内蒙)(B)、格兰马草(F)、老芒麦(G)和披碱草(I),及豆科牧草草木樨状黄芪(K)种子萌发具有促进作用。

(3)采用相对发芽率(RGP)、相对发芽势(RGR)、相对胚芽长(RPL)、相对胚根长(RRL)、相对发芽指数(RGI)、相对活力指数(RVI)和相对胚根重(RRW)7 项指标的加权隶属函数值，对 15 种多年生牧草种子萌发抗旱性进行综合评价认为,10 种多年生禾本科牧草种子萌发抗旱性表现为:披碱草(I)>格兰马草(F)>格林针茅(H)>老芒麦(G)>沙生冰草(C)>蒙古冰草(内蒙)(B)>细茎冰草(E)>扁穗冰草(D)>宁夏蒙古冰草(A)>长穗偃麦草(J);5 种多年生豆科牧草种子萌发抗旱性表现为:牛枝子(L)>小冠花(N)>达乌里胡枝子(M)>鹰嘴紫云英(O)>草木樨状黄芪(K)。

2.2　种子萌发期耐盐性研究

2.2.1　试验方法与设计

设计用 0.2%、0.4%、0.6%、0.8%、1.2%和 1.4%的 NaCl 溶液模拟盐胁迫,对引选牧草种子进行盐胁迫试验,对照为蒸馏水,放入型号为 RTOP-1000D 的智能人工气候培养箱中。每天观察种子发芽情况,以胚芽长度为种子长度的 1/2 作为萌发的标准,进行到第 15 天时结束发芽试验。试验结束后测定每种牧草发芽种子的胚芽长和胚根长,每组测定 10 株,3 次重复。

测定指标：

发芽势（GR）（%）=（规定时间内种子发芽数/供试种子数）×100%

发芽率（GP）（%）=（种子总发芽数/供试种子数）×100%

胚芽长（PL）和胚根长（RL）：从每个培养皿中随机选取10株生长正常的种苗，用直尺测量芽长和根长，若不足10株的则全部测量，每个处理3组重复。

发芽指数（GI）=试验内发芽总种子数/发芽的天数

活力指数（VI）=苗长×发芽指数

相对发芽率（RGP）=（胁迫处理发芽率/对照发芽率）×100%

相对发芽势（RGR）=（胁迫处理发芽势/对照发芽势）×100%

相对胚芽长（RPL）=（胁迫处理胚芽长度/对照胚芽长）×100%

相对胚根长（RRL）=（胁迫处理胚根长度/对照胚根长）×100%

相对发芽指数（RGI）=（胁迫处理发芽指数/对照发芽指数）×100%

相对活力指数（RVI）=（胁迫处理活力指数/对照活力指数）×100%

相对胚根重（RRW）=（胁迫处理胚根重/对照胚根重）×100%

耐盐性综合评价：

在植物抗旱性研究中，模糊数学隶属函数法被广泛应用，本研究也采用此方法对不同牧草种质资源的生理指标耐盐性进行评价。

（1）正隶属函数：$X_{ij1}=(x_{ij}-x_{j\min})/(x_{j\max}-x_{j\min})$

（2）反隶属函数：$X_{ij2}=(x_{j\max}-x_{ij})/(x_{j\max}-x_{j\min})$

（3）标准差系数：$v_j=\sqrt{\dfrac{\sum_{i=1}^{n}(x_{ij}-\overline{x}_j)^2}{\overline{x}_j}}$

(4)权重：$w_j = \frac{v_j}{\sum_{j=1}^{m} v_j}$

(5)综合评价值：$D = \sum_{j=1}^{n} x_{ij1} w_j$

上述公式中 X_{ij} 为第 i 种植物的第 j 个指标的测定值；$X_{j\min}$ 与 $X_{j\max}$ 分别表示所有植物中第 j 个指标测定值的最小值与最大值；当测定指标为负向指标时，应采用反隶属函数。

耐盐性评价等级：

根据各植物综合评价值 D 值大小进行耐盐性评价。

2.2.2　结果分析

2.2.2.1　盐胁迫对禾本科牧草种子萌发的影响

(1)对发芽率和相对发芽率的影响

从发芽率和相对发芽率数据发现(表 2-13)，10 种禾本科牧草种质材料的发芽率(GP)和相对发芽率(RGP)基本呈现随着盐胁迫浓度的增强而下降的趋势。首先，从 GP 数据看，种质材料宁夏蒙古冰草(A)和蒙古冰草(内蒙)(B)盐胁迫浓度为 0.2%时，种子发芽率即显著低于对照($P<0.05$)，说明这 2 种种质对盐胁迫非常敏感；种质材料沙生冰草(C)、老芒麦(G)和格林针茅(H)在盐浓度0.2%~0.6%之间，种子发芽率均与对照差异不显著（$P>0.05$），在盐浓度为 0.8%时才显著低于对照，说明这 3 种种质材料可以耐受 0.6%浓度的盐胁迫，对盐胁迫较不敏感；种质材料扁穗冰草(D)在盐浓度 0.4%时显著低于对照($P<0.05$)，说明这种种质材料对盐胁迫也较敏感；种质材料细茎冰草(E)和格兰马草(F)在盐浓度 0.6%时显著低于对照($P<0.05$)，说明这 2 种种质材料可以耐受

0.4%的盐胁迫；种质材料披碱草(I)和长穗偃麦草(J)，在盐浓度0.2%~1.0%时种子发芽率均与对照差异不显著($P>0.05$)，说明这2种种质材料可以耐受1.0%的盐浓度，对盐胁迫不敏感。

从相对发芽率数据看，种质材料宁夏蒙古冰草(A)、蒙古冰草(内蒙)(B)、扁穗冰草(D)、格兰马草(F)、老芒麦(G)、格林针茅(H)和披碱草(I)均在0.2%浓度盐胁迫时，相对发芽率就表现出不同程度的降幅，分别为CK的56.52%、51.22%、81.82%、76.27%、83.92%、97.66%和91.00%，说明这7种种质材料对盐胁迫较为敏感。种质材料沙生冰草(C)、细茎冰草(E)和长穗偃麦草

表2-13 不同浓度NaCl溶液胁迫下禾本科牧草种子发芽率和相对发芽率表

指标 Index	编号 Number	NaCl 浓度 NaCl concentration							
		CK	0.20%	0.40%	0.60%	0.80%	1%	1.20%	1.40%
发芽率(GP)	A	30.67 Ca	17.33 CDb	4.67 Ec	2.67 Dc	0.67 Bc	0.00 Cc	0.00 Ec	0.00 Bc
	B	27.33 Ca	14.00 Db	7.33 Ec	4.00 CDcd	0.00 Bd	0.00 Cd	0.00 Ed	0.00 Bd
	C	88.00 Aa	88.67 Aa	84.67 Aa	74.67 Aa	46.67 Ab	26.67 Bc	7.33 CDd	0.00 Bd
	D	29.33 Ca	24.00 CDa	14.00 DEb	8.00 CDbc	2.00 Bc	1.33 Cc	0.00 Ec	0.00 Bc
	E	54.67 Bab	58.00 Ba	50.00 Cab	46.00 Bb	21.33 Bc	10.00 Cd	0.00 Ee	0.00 Be
	F	39.33 Ca	30.00 Cabc	23.00 Dab	16.00 Cbcd	13.33 Bcd	8.00 Ccd	0.67 Ed	0.00 Bd
	G	95.33 Aa	80.00 Aab	72.00 Bab	68.00 Aab	59.33 Ab	26.67 Bc	14.67 Bc	1.33 Bc
	H	85.33 Aa	83.33 Aa	78.00 ABa	76.00 Aa	60.67 Ab	34.00 Bc	9.33 BCd	0.00 Bd
	I	66.67 Ba	60.67 Ba	59.33 Ca	56.00 Ba	54.67 Aa	52.67 Aab	38.67 Abc	30.67 Ac
	J	10.00 Da	12.00 Da	10.00 Ea	10.00 CDa	10.00 Ba	5.33 Cab	2.67 DEb	0.67 Bb

续表

指标 Index	编号 Number	NaCl 浓度 NaCl concentration							
		CK	0.20%	0.40%	0.60%	0.80%	1%	1.20%	1.40%
相对发芽率（RGP）	A		56.52 BCa	15.22 Eb	8.70 Db	2.17 Eb	0.00 Db	0.00 Cb	0.00 Bb
	B		51.22 Ca	26.83 Eb	14.63 Dbc	0.00 Ec	0.00 Dc	0.00 Cc	0.00 Bc
	C		100.76 ABa	96.21 ABa	84.85 ABa	53.03 BCb	30.30 Cc	8.33 Cd	0.00 Bd
	D		81.82 ABCa	47.73 Db	27.27 CDbc	6.82 DEc	4.55 Dc	0.00 Cc	0.00 Bc
	E		106.10 Aa	91.46 ABab	84.15 ABb	39.02 Cc	18.29 CDd	0.00 Ce	0.00 Be
	F		76.27 ABCa	58.47 CDab	40.68 Cbc	33.90 CDbc	20.34 CDcd	1.69 Cd	0.00 Bd
	G		83.92 ABCa	75.52 BCa	71.33 Ba	62.24 BCa	27.97 Cb	15.38 BCb	1.40 Bb
	H		97.66 ABCa	91.41 ABa	89.06 ABa	71.09 ABb	39.84 BCc	10.94 BCd	0.00 Bd
	I		91.00 ABCa	89.00 ABa	84.00 ABa	82.00 ABa	79.00 Aab	58.00 Abc	46.00 Ac
	J		120.00 Aa	100.00 Aab	100.00 Aab	100.00 Aab	53.33 Bbc	26.67 Bcd	6.67 Bd

注：不同字母表示在5%水平下的差异显著性。大写字母表示不同种质材料在同一胁迫水平下的差异，小写字母表示同一种质材料在不同胁迫水平下的差异；下同。

(J)在盐胁迫浓度为0.2%浓度时，种子相对发芽率均有增幅，分别为CK的100.76%、106.10%和120.00%，显著高于种质材料宁夏蒙古冰草(A)和蒙古冰草(内蒙)(B)($P<0.05$)，说明低浓度的盐胁迫对这3种种质材料种子萌发具有促进作用。其中，种质材料长穗偃麦草(J)在盐胁迫浓度增加到1.0%时，其相对发芽率才出现降幅，为CK的53.33%，说明该种质材料对盐胁迫不敏感，耐盐性相对较高。

(2)对发芽势和相对发芽势的影响

从种子发芽势和相对发芽势数据发现（表2-14），10种禾本科牧草的发芽势(GR)和相对发芽势(RGR)均随着盐胁迫浓度的增大而基本呈现下降的趋势。首先从GR数据发现，种质材料宁夏蒙古冰草(A)、蒙古冰草(内蒙)(B)、格兰马草(F)、老芒麦(G)和披碱草(I)均在盐胁迫浓度为0.2%时，种子发芽势即显著低于对照($P<0.05$)，说明这5种种质对盐胁迫非常敏感；种植材料沙生冰草(C)、扁穗冰草(D)和格林针茅(H)在盐浓度0.4%时，种子发芽势显著低于对照($P<0.05$)，说明这3种种质材料发芽势对盐胁迫较敏感；种

表2-14　不同浓度NaCl溶液胁迫下禾本科牧草种子发芽势和相对发芽势表

指标 Index	编号 Number	NaCl浓度 NaCl concentration							
		CK	0.20%	0.40%	0.60%	0.80%	1%	1.20%	1.40%
发芽势(GR)	A	8.00 CDa	2.67 Eb	0.67 Db	0.00 Cb	0.00 Cb	0.00 Bb	0.00 Ab	0.00 Ab
	B	12.00 CDa	2.67 Eb	2.00 Db	0.67 Cb	0.00 Cb	0.00 Bb	0.00 Ab	0.00 Ab
	C	79.33 Aa	84.67 Aa	64.67 Ab	56.00 Ab	28.67 Ac	10.67 Ad	0.00 Ad	0.00 Ad
	D	12.00 CDa	8.00 Eab	2.00 Dbc	0.67 Cc	0.00 Cc	0.00 Bc	0.00 Ac	0.00 Ac
	E	15.33 CDbc	24.67 Da	20.0 BCDab	10.00 Cc	1.33 Cd	0.00 Bd	0.00 Ad	0.00 Ad
	F	17.33 Ca	10.67 Eb	8.67 CDbc	2.67 Ccd	0.67 Cd	0.00 Bd	0.00 Ad	0.00 Ad
	G	88.67 Aa	52.00 Bb	26.00 BCc	26.00 Bc	17.3 ABCcd	0.67 Bd	0.00 Ad	0.00 Ad
	H	84.00 Aa	76.00 Aab	57.33 Abc	43.33 Ac	21.33 ABd	1.33 Bd	0.00 Ad	0.00 Ad
	I	55.33 Ba	38.00 Cb	36.00 Bb	13.33 BCc	9.33 BCcd	7.33 Acd	0.00 Ad	0.00 Ad
	J	5.33 Da	5.33 Ea	2.67 Da	1.33 BCa	0.00 Ca	0.00 Ba	0.00 Aa	0.00 Aa

续表

指标 Index	编号 Number	NaCl 浓度 NaCl concentration							
		CK	0.20%	0.40%	0.60%	0.80%	1%	1.20%	1.40%
相对发芽势（RGR）	A		33.33 BCa	8.33 Dab	0.00 Db	0.00 Cb	0.00 Bb	0.00 Ab	0.00 Ab
	B		22.22 Ca	16.67 CDa	5.56 Da	0.00 Ca	0.00 Ba	0.00 Aa	0.00 Aa
	C		106.72 ABa	81.51 Bb	70.59 Ab	36.13 Ac	13.45 Ad	0.00 Ad	0.00 Ad
	D		66.67 BCa	16.67 CDb	5.56 Db	0.00 Cb	0.00 Bb	0.00 Ab	0.00 Ab
	E		160.87 Aa	130.43 Aa	65.22 ABb	8.70 BCc	0.00 Bc	0.00 Ac	0.00 Ac
	F		61.54 BCa	50.0 BCDab	15.38 CDbc	3.85 BCc	0.00 Bc	0.00 Ac	0.00 Ac
	G		58.65 BCa	29.32 CDb	29.32 BCDb	19.6 ABCbc	0.75 Bc	0.00 Ac	0.00 Ac
	H		90.48 ABCa	68.25 BCab	51.6 ABCbc	25.40 ABcd	1.59 Bd	0.00 Ad	0.00 Ad
	I		68.67 BCa	65.06 BCa	24.10 CDb	16.9 ABCbc	13.25 Abc	0.00 Ac	0.00 Ac
	J		100.0 ABCa	50.0B CDab	25.00 CDab	0.00 Cb	0.00 Bb	0.00 Ab	0.00 Ab

质材料长穗偃麦草(J)对照发芽势就较低，仅为5.33%，其种子发芽势在盐胁迫浓度0.8%时降为0，且7个盐胁迫浓度处理与对照发芽势差异均不显著（$P>0.05$）。

从相对发芽势数据发现，种质材料宁夏蒙古冰草(A)、蒙古冰草(内蒙)(B)、扁穗冰草(D)、格兰马草(F)、老芒麦(G)、格林针茅(H)和披碱草(I)均在0.2%浓度盐胁迫时，相对发芽势就表现出不同程度的降幅，分别为CK的33.33%、22.22%、66.67%、61.54%、58.65%、90.48%和68.67%，说明这7种种质材料发芽势对盐胁迫较为敏感。种质材料沙生冰草(C)在盐胁迫浓度为0.2%时，种子相对发芽势较对照有增幅，为CK的106.72%;种质材料细茎冰草(E)在盐胁迫浓度为0.2%~0.4%时，种子相对发芽势均有增幅，分别为CK的160.87%和130.43%，并在0.4%盐胁迫浓度时种子相对发芽势显著高于其他种质材料($P<0.05$)，说明低浓度的盐胁迫对种质材料沙生冰草(C)和细茎冰草(E)的种子发芽势具有促进作用。种质材料长穗偃麦草(J)在盐胁迫浓度为0.2%时，发芽势与对照相比无增减，故此相对发芽势为对照的100%，随着盐胁迫浓度增加，其种子相对发芽势在盐浓度为0.4%时，降为CK的50.00%，说明该种质材料发芽势对盐胁迫较敏感。

(3)对相对胚芽长和相对胚根长的影响

从相对胚芽长和相对胚根长的数据看出(表2-15)，10种禾本科牧草种质材料受不同浓度盐胁迫，其相对胚芽长和相对胚根长受影响程度各不相同，但均表现为随着盐胁迫浓度的增加呈现降低趋势。

表2-15 不同浓度NaCl溶液胁迫下禾本科牧草种子相对胚芽长和相对胚根长表

指标 Index	编号 Number	NaCl浓度 NaCl concentration						
		0.2%	0.40%	0.60%	0.80%	1%	1.20%	1.40%
相对胚芽长(RPL)	A	66.40 Ea	35.55 Db	34.21 DEb	8.0 Dc	0.00 Ec	0.00 Bc	0.00 Bc
	B	65.68 Ea	52.15 CDa	14.76 Eb	0.00 Db	0.00 Eb	0.00 Bb	0.00 Bb
	C	97.48 BCa	93.44 ABa	68.27 ABCb	41.22 BCc	38.9 Bc	13.23 Bd	0.00 Bd
	D	92.12 CDa	75.62 BCab	59.15 BCDb	13.14 Dc	0.00 Cc	0.00 Bc	0.00 Bc
	E	124.76 Aa	94.64 ABb	80.83 ABb	45.71B Cc	25.06 CDd	7.54 Be	0.00 Be
	F	122.26 Aa	106.76 Aa	70.72 ABCb	59.08 ABbc	44.18 Bc	10.70 Bd	0.00 Bd

续表

指标 Index	编号 Number	NaCl 浓度 NaCl concentration						
		0.2%	0.40%	0.60%	0.80%	1%	1.20%	1.40%
相对胚芽长(RPL)	G	76.57 DEa	74.27 BCa	64.84 ABCa	36.45 Cb	20.89 Dc	17.34 Bcd	5.65 Bd
	H	80.60 CDEa	59.38 CDb	50.59 CDb	49.03 BCb	21.44 Dc	8.03 Bd	0.00 Bd
	I	112.76 ABa	108.38 Aa	91.02 Ab	72.85 Ac	61.05 Ac	46.74 Ad	41.99 Ad
	J	96.86 BCDa	67.44 BCab	48.13 CDbc	37.98 Cbcd	34.75 BCbcd	14.67 Bcd	9.92 Bd
相对胚根长(RRL)	A	54.27 BCa	47.49 ABa	40.71 ABCab	33.92 ABab	0.00 Db	0.00 Cb	0.00 Cb
	B	31.11 Ca	20.00 Bab	11.11 Cbc	0.00 Bc	0.00 Dc	0.00 Cc	0.00 Cc
	C	86.70 ABa	75.37 Aab	62.56 Aab	47.78 Ab	17.73 Cc	17.73 Bc	0.00 Cc
	D	81.82 ABa	66.23 Aab	46.10 ABb	12.99 ABc	0.00 Dc	0.00 Cc	0.00 Cc
	E	87.50 ABa	72.22 Ab	23.61 BCc	18.06 ABcd	11.65 CDd	0.00 Ce	0.00 Ce
	F	88.33 ABa	77.78 Aa	45.56 ABab	45.55 Aab	22.22 ABCbc	0.00 Cc	0.00 Cc
	G	55.40 BCa	53.77 Aa	38.70 ABCb	28.72 ABbc	20.98 BCcd	16.60 Bde	8.35 Be
	H	96.30 Aa	67.59 Ab	63.43 Ab	44.44 Ac	33.80 Ac	13.43 Bd	0.00 Cd
	I	64.32 ABCa	55.43 Ab	43.03 ABc	35.15 ABd	34.30 Ad	28.02 Ae	26.95 Ae
	J	77.04 ABa	43.87 ABb	39.75 ABCbc	34.89 ABbc	31.88 ABbc	15.17 Bcd	2.64 Cd

从相对胚芽长数据发现，种质材料宁夏蒙古冰草(A)、蒙古冰草(内蒙)(B)、沙生冰草(C)、扁穗冰草(D)、老芒麦(G)、格林针茅(H)和长穗偃麦草(J)在盐胁迫浓度为0.2%时，种子相对胚芽长均较对照出现不同程度的降幅，分别

为CK 的 66.40%、65.68%、97.48%、92.12%、76.57%、80.60%和 96.86%，说明这 7 种种质材料胚芽的生长对盐胁迫较为敏感；种质材料细茎冰草（E）在盐胁迫浓度为 0.2%时，种子胚芽长较对照有增幅，为 CK 的 124.76%；种质材料格兰马草（F）和披碱草（I）在盐胁迫浓度为 0.2%~0.4%时，种子胚芽长较对照均有增幅，分别为 CK 的 122.26%、106.76%和 112.76%、108.38%，说明 0.4%内低浓度的盐胁迫对这 2 种种质材料胚芽的生长具有促进作用。

从相对胚根长数据看出，10 种禾本科牧草种质材料在 NaCl 盐溶液胁迫下，胚根长均受到抑制，较对照均呈现不同程度降幅，分别为对照的 54.27%、31.11%、86.70%、81.82%、87.50%、88.33%、55.40%、96.30%、64.32%和 77.04%，其中降幅程度较大的为种质材料宁夏蒙古冰草（A）、蒙古冰草（内蒙）（B）和老芒麦（G），说明这 10 种禾本科牧草胚根的生长对盐胁迫均较敏感，其中种质材料宁夏蒙古冰草（A）、蒙古冰草（内蒙）（B）和老芒麦（G）较其他种植材料更敏感。

（4）对相对发芽指数和相对活力指数影响

从相对发芽指数和相对活力指数数据发现（表 2-16），10 种多年生禾本科牧草种质材料相对发芽指数和相对活力指数也均随着盐胁迫浓度的增大而呈现降低的趋势。

首先从相对发芽指数数据看出，种质材料宁夏蒙古冰草（A）、蒙古冰草（内

表 2-16　不同浓度 NaCl 溶液胁迫下禾本科牧草种子相对发芽指数和相对活力指数表

指标 Index	编号 Number	NaCl 浓度 NaCl concentration						
		0.2%	0.40%	0.60%	0.80%	1%	1.20%	1.40%
相对发芽指数（RGI）	A	56.52 BCa	15.22 Eb	8.70 Db	2.17 Gb	0.00 Db	0.00 Cb	0.00 Bb
	B	51.22 Ca	26.83 Eb	14.63 Dbc	0.00 Gc	0.00 Dc	0.00 Cc	0.00 Bc
	C	100.76 ABa	96.21 ABa	84.85 ABa	53.03 CDEb	30.30 Cc	8.33 Cd	0.00 Bd

续表

指标 Index	编号 Number	NaCl 浓度 NaCl concentration						
		0.2%	0.40%	0.60%	0.80%	1%	1.20%	1.40%
相对发芽指数（RGI）	D	81.82 ABCa	47.73 Db	27.27 CDbc	6.82 FGc	4.55 Dc	0.00 Cc	0.00 Bc
	E	106.10 Aa	91.46 ABab	84.15 ABb	39.02 DEc	18.29 CDd	0.00 Ce	0.00 Be
	F	76.27 ABCa	58.56 CDab	42.37 Cbc	32.20 EFc	20.34 CDcd	1.69 Cd	0.00 Bd
	G	83.92 ABCa	75.52 BCa	71.33 Ba	62.24 BCDa	27.97 Cb	15.38 BCb	1.40 Bb
	H	97.66 ABCa	91.41 ABa	89.06 ABa	71.09 BCb	39.84 BCc	10.94 BCd	0.00 Bd
	I	93.00 ABCa	89.00 ABa	84.05 ABa	83.00 ABa	79.00 Aa	58.00 Ab	46.00 Ab
	J	120.00 Aa	100.00 Aab	100.00 Aab	100.00 Aab	53.33 Bbc	26.67 Bcd	7.00 Bd
相对活力指数（RVI）	A	38.84 Ca	5.97 Db	2.99 Eb	0.53 Cb	0.00 Db	0.00 Cb	0.00 Bb
	B	34.45 Ca	14.19 Db	6.42 Eb	0.00 Cb	0.00 Db	0.00 Cb	0.00 Bb
	C	98.38 ABa	89.50 ABa	58.53 ABb	21.90 Bc	11.54 BCcd	1.10 BCd	0.00 Bd
	D	74.90 BCa	35.67 CDb	16.03 DEbc	0.89 Cc	0.00 Dc	0.00 Cc	0.00 Bc
	E	131.62 Aa	86.24 ABb	68.24 Ac	18.64 Bd	4.18 CDde	0.00 Ce	0.00 Be
	F	92.42 ABa	62.69 ABCb	30.98 CDc	18.89 Bcd	6.91 CDcd	0.00 Cd	0.00 Bd
	G	64.07 BCa	56.53 BCa	46.27 BCa	26.67 Bb	6.27 CDc	2.61 BCc	0.12 Bc
	H	78.79 ABCa	54.40 BCb	44.56 BCbc	35.37 Bc	8.77 Cd	0.90 BCd	0.00 Bd
	I	104.73 ABa	96.57 Aa	76.54 Ab	60.30 Abc	48.14 Ac	26.63 Ad	19.22 Ad
	J	118.27 ABa	62.82 ABCab	45.90 BCbc	36.75 Bbc	17.95 Bbc	5.62 Bc	1.99 Bc

蒙)(B)、扁穗冰草(D)、格兰马草(F)、老芒麦(G)、格林针茅(H)和披碱草(I)在盐胁迫浓度为 0.2%时，种子相对发芽指数呈现不同程度降幅，分别为 CK 的 56.52%、51.22%、81.82%、76.27%、83.92%、97.66%和 93.00%，其中降幅较大的为种质材料宁夏蒙古冰草（A）和蒙古冰草（内蒙)(B)，发芽指数仅为对照的 56.52%和 51.22%,说明这 2 种种质材料种子的萌发对盐胁迫非常敏感。种质材料沙生冰草(C)和细茎冰草(E)在盐胁迫浓度 0.2%时,发芽指数较对照均有增幅,分别为 CK 的 100.76%和 106.10%,说明这 2 种种质材料对低浓度的盐胁迫不敏感;种质材料长穗偃麦草(J)在盐胁迫浓度为0.2%~0.8%时,种子发芽指数分别为 CK 的 120.00%、100.00%、100.00%和100.00%,说明该种质材料对盐胁迫不敏感,耐盐性较强。

从种子相对活力指数发现,种质材料宁夏蒙古冰草(A)、蒙古冰草(内蒙)(B)、沙生冰草(C)、扁穗冰草(D)、格兰马草(F)、老芒麦(G)和格林针茅(H)种子相对活力指数在 0.2%盐浓度胁迫下,均较 CK 呈现不同程度降幅,分别为 CK 的 38.84%、34.45%、98.38%、74.90%、92.42%、64.07%和 78.79%,其中降幅较大的种质材料宁夏蒙古冰草(A)和蒙古冰草(内蒙)(B),显著低于除扁穗冰草(D)、老芒麦(G)和格林针茅(H)外的其他种质材料($P<0.05$),说明这 2 种种质材料对盐胁迫较为敏感,不耐盐。种质材料细茎冰草(E)、披碱草(I)和长穗偃麦草(J)在0.2%浓度盐胁迫时,种子活力指数均较 CK 有增幅,分别为 CK 的 131.62%、104.73%和 118.27%,说明低浓度的盐胁迫对这 3 种种质材料种子萌发具有促进作用。

(5)对相对胚芽重的影响

从相对胚芽重数据发现(表 2-17),10 种多年生禾本科牧草种质材料相对胚芽重随着盐胁迫浓度的增大,而呈现不同表现。

其中,种质材料宁夏蒙古冰草(A)、蒙古冰草(内蒙)(B)、扁穗冰草(D)、细茎冰草(E)、格兰马草(F)、老芒麦(G)、格林针茅(H)和披碱草(I)在盐胁迫浓度为0.2%时，种子相对胚芽重呈现不同程度降幅，分别为CK的63%、71%、73%、90%、91%、43%、75%和97%，其中降幅较大的为种质材料老芒麦(G)，相对胚芽重仅为对照的43%，显著低于长穗偃麦草(J)($P<0.05$)，但与其他种质材料差异不显著($P>0.05$)，说明种质材料老芒麦(G)相对胚芽重对盐胁迫较敏感。种质材料沙生冰草(C)和长穗偃麦草(J)在盐胁迫浓度0.2%时，发芽指数较对照均有增幅，分别为CK的112%和123%，说明这2种种质材料对低浓度的盐胁迫不敏感；种质材料长穗偃麦草(J)在盐胁迫浓度为0.2%~0.8%时，种子发芽指数分别为CK的123.00%、113.00%、111.00%和105.00%，说明该种质材料对盐胁迫不敏感，且耐盐性较强。

表2-17　不同浓度盐胁迫下禾本科牧草种子相对胚芽重表

序号	相对胚芽重(RRW)						
	0.20%	0.40%	0.60%	0.80%	1%	1.20%	1.40%
A	63.00ABa	22.00CDab	23.00Cb	8.00Bb	0.00Cb	0.00Ab	0.00Bb
B	71.00ABa	34.00CDab	34.00BCb	0.00Bb	0.00Cb	0.00Ab	0.00Bb
C	112.00ABab	135.00Aa	134.00Aa	154.00Aa	157.00Aa	86.00Aab	5.00Bb
D	73.00ABa	69.00BCa	41.00BCab	13.00ABb	3.00Cb	0.00Ab	0.00Bb
E	90.00ABab	103.00ABa	104.00ABCab	79.00ABab	46.00BCbc	8.00Ac	0.00Bc
F	91.00ABab	118.00ABa	84.00ABCabc	64.00ABabc	65.00BCbc	4.00Ac	0.00Bc
G	43.00Ba	6.00Da	63.00ABCa	154.00Aa	51.00BCa	137.00Aa	0.00Ba
H	75.00ABab	88.00ABa	87.00ABCa	73.00ABab	60.00BCab	40.00Abc	11.00Bc
I	97.00AB	101.00AB	96.00ABC	93.00AB	88.00B	44.00A	11.00B
J	123.00Aa	113.00ABa	111.00ABa	105.00ABa	94.00ABab	56.00Abc	86.00Ac

（6）禾本科牧草萌发期耐盐性综合评价

为真实全面反映植物的耐盐性，本文采用相对发芽率（RGP）、相对发芽势（RGR）、相对胚芽长（RPL）、相对胚根长（RRL）、相对发芽指数（RGI）、相对活力指数（RVI）和相对胚芽重（RRW）7项指标，计算被引选的10种多年生禾本科牧草种质材料盐胁迫下萌发期的综合D值，以评价其耐盐性，结果表明，10种多年生禾本科牧草种质材料综合耐盐性D值为0.01~0.91（表2-18），D值大小顺序依次为披碱草（I）>长穗偃麦草（J）>沙生冰草（C）>细茎冰草（E）>格林针茅（H）>老芒麦（G）>格兰马草（F）>扁穗冰草（D）>宁夏蒙古冰草（A）>蒙古冰草（内蒙）（B），说明相对其他种质材料，披碱草（I）具有相对较强的耐盐性，蒙古冰草（内蒙）（B）的耐盐性相对较差。

表2-18　禾本科牧草各指标隶属函数值及综合评价值表

编号 Number	隶属函数值 Value of subordinate function								
	相对发芽势	相对发芽率	相对胚根长	相对胚芽长	相对发芽指数	相对活力指数	相对胚芽重	综合评价值	排序
A	0	0	0	0.05	0	0	0	0.05	9
B	0	0	0	0	0	0	0	0.01	10
C	0.14	0.12	0.09	0.1	0.14	0.1	0	0.69	3
D	0.04	0.02	0.04	0.06	0.04	0.03	0	0.24	8
E	0.12	0.14	0.1	0.06	0.12	0.11	0	0.66	4
F	0.07	0.04	0.11	0.09	0.07	0.07	0	0.46	7
G	0.12	0.04	0.07	0.07	0.12	0.06	0	0.49	6
H	0.15	0.09	0.06	0.11	0.15	0.07	0	0.63	5
I	0.21	0.07	0.16	0.09	0.21	0.16	0	0.91	1
J	0.2	0.06	0.07	0.08	0.2	0.1	0	0.72	2

2.2.2.2 盐胁迫对豆科牧草种子萌发的影响

(1)相对发芽率和相对发芽势的影响

从相对发芽率和相对发芽势的数据看出,不同浓度 NaCl 溶液对 5 种牧草种质材料种子相对发芽率和相对发芽势的影响程度不同,但基本上都表现为随着 NaCl 溶液浓度的增加,其相对发芽率和相对发芽势均呈现降低的趋势(表 2-19、表 2-20)。

从同一浓度不同种质材料种子相对发芽率发现(表 2-19),种质材料牛枝

表 2-19 不同浓度NaCl 溶液胁迫下豆科牧草种子相对发芽率表

编号 Number	NaCl 浓度						
	0.20%	0.40%	0.60%	0.80%	1%	1.20%	1.40%
K	83.13a	78.31a	36.14ab	19.28b	0.00b	0.00b	0.00b
L	106.84a	98.29ab	79.49bc	58.12cd	45.30d	11.11e	0.00e
M	92.00a	95.20a	79.20a	34.40b	16.80b	0.00b	0.00b
N	102.38a	96.83ab	95.24ab	46.03bc	2.38c	0.00c	0.00c
O	115.91a	120.45a	72.73ab	18.18b	0.00b	0.00b	0.00b

表 2-20 不同浓度 NaCl 溶液胁迫下豆科牧草种子相对发芽势表

编号 Number	NaCl 浓度						
	0.20%	0.40%	0.60%	0.80%	1%	1.20%	1.40%
K	86.76a	60.29ab	26.47bc	7.35bc	0.00c	0.00c	0.00c
L	108.26a	93.58ab	81.65bc	56.88cd	44.95d	9.17e	0.00e
M	91.30a	71.30ab	46.09bc	11.30cd	9.57cd	0.00d	0.00d
N	105.63a	42.25ab	11.27b	0.00b	0.00b	0.00b	0.00b
O	42.86a	28.57a	7.14a	14.29a	0.00a	0.00a	0.00a

子(L)、小冠花(N)和鹰嘴紫云英(O)在NaCl溶液为0.20%浓度时,种子相对发芽率均有增幅,分别为CK的106.84%、102.38%和115.91%,说明低浓度的NaCl溶液对这3种种质材料种子的萌发可能有促进作用。其中种质材料鹰嘴紫云英(O)在NaCl溶液增加到0.60%浓度时,其相对发芽率才出现降幅,为CK的72.73%。种质材料草木樨状黄芪(K)和达乌里胡枝子(M)均在0.20%浓度NaCl溶液胁迫时,相对发芽率就表现出不同程度的降幅,分别仅为CK的83.13%、92.00%,说明这2种种质材料对盐胁迫较为敏感。

从同一浓度不同种质材料种子相对发芽势对比发现(表2-20),种质材料牛枝子(L)和小冠花(N)在NaCl溶液为0.2%浓度时,种子相对发芽势均有增幅,分别为CK的108.26%和105.63%,说明低浓度的NaCl溶液对这2种种质材料种子的萌发可能有促进作用。草木樨状黄芪(K)、达乌里胡枝子(M)和鹰嘴紫云英(O)均在0.20%浓度NaCl溶液胁迫时,相对发芽势就表现出不同程度的降幅,分别仅为CK的86.76%、91.30%和42.86%,说明这3种种质材料对盐胁迫较为敏感。

(2)对相对发芽指数的影响

从相对发芽指数的数据看出,不同NaCl溶液对5种牧草种质材料种子相对发芽指数的影响程度不同,但基本表现为随着NaCl溶液浓度的增加,而呈现降低趋势(表2-21)。从同一浓度不同种质材料间的对比发现,种质材料小冠花(N)在NaCl溶液为0.2%浓度时,种子相对发芽指数有增幅,为CK的103.80%,说明低浓度的NaCl溶液对这种质小冠花(N)种子的萌发可能有促进作用。种质材料草木樨状黄芪(K)、牛枝子(L)、达乌里胡枝子(M)和鹰嘴紫云英(O)均在0.2%浓度NaCl溶液胁迫时,相对发芽指数就表现出不同程度的降幅,分别仅为CK的84.86%、92.47%、80.00%和91.18%,说明这4种种质材料对盐胁迫较为敏感。

表 2-21 不同浓度 NaCl 溶液胁迫下豆科牧草种子相对发芽指数表

编号 Number	NaCl 浓度						
	0.20%	0.40%	0.60%	0.80%	1%	1.20%	1.40%
K	84.86a	66.96ab	26.82bc	12.74bc	0.00c	0.00c	0.00c
L	92.47a	70.98ab	53.35bc	30.68cd	22.08de	4.73de	0.00e
M	80.00a	65.28a	52.48a	18.10b	11.36b	0.00b	0.00b
N	103.80a	79.69a	64.03ab	27.68bc	1.23c	0.00c	0.00c
O	91.18a	95.64a	51.45ab	14.78b	0.00b	0.00b	0.00b

（3）对相对活力指数的影响

从相对活力指数的数据看出，不同 NaCl 溶液对 5 种牧草种质材料种子相对活力指数的影响程度不同，除鹰嘴紫云英（O）外，其余种质材料的表现为随着 NaCl 溶液浓度的增加，而呈现降低趋势（表 2-22）。从同一浓度不同种质材料间的对比发现，种质材料小冠花（N）在 NaCl 溶液为 0.2%浓度时，种子相对活力指数有增幅，为 CK 的 125.37%，说明低浓度的 NaCl 溶液对小冠花（N）种子的相对活力可能有促进作用。种质材料草木樨状黄芪（K）、牛枝子（L）、达乌里胡枝子（M）和鹰嘴紫云英（O）均在 0.2%浓度 NaCl 溶液胁迫时，相对活力指

表 2-22 不同浓度 NaCl 溶液胁迫下豆科牧草种子相对活力指数表

编号 Number	NaCl 浓度						
	0.20%	0.40%	0.60%	0.80%	1%	1.20%	1.40%
K	61.34a	54.13ab	18.66abc	7.63bc	0.00c	0.00c	0.00c
L	92.09a	57.46ab	37.37bc	18.87bc	12.94c	0.00c	0.00c
M	90.33a	53.21ab	43.71bc	11.96bcd	7.38cd	0.00d	0.00d
N	125.37a	83.27ab	59.59bc	22.02cd	0.71cd	0.00d	0.00d
O	71.73a	82.36a	34.57ab	7.80b	0.00b	0.00b	0.00b

数就表现出不同程度的降幅，分别仅为 CK 的 61.34%、92.09%、90.33%和 71.73%，说明这 4 种种质材料对盐胁迫较为敏感。

(4)对相对胚芽长与相对胚根长的影响

从相对胚芽长和相对胚根长的数据看出，5 种豆科牧草种质材料受不同浓度 NaCl 溶液胁迫，其相对胚芽长和相对胚根长受影响程度各不相同，但基本表现为随着 NaCl 盐溶液浓度的增加呈现降低趋势(表 2-23、表 2-24)。

从同一浓度 NaCl 盐溶液胁迫，种子萌发相对胚芽长的数据比较发现，种质材料达乌里胡枝子(M)、小冠花(N)在 NaCl 溶液为 0.2%浓度时，种子相对胚芽

表 2-23　不同浓度 NaCl 溶液胁迫下豆科牧草种子相对胚芽长表

编号 Number	NaCl 浓度						
	0.20%	0.40%	0.60%	0.80%	1%	1.20%	1.40%
K	69.62a	79.75a	69.62a	39.24ab	0.00b	0.00b	0.00b
L	98.65a	81.08ab	70.27ab	62.16ab	58.11b	0.00c	0.00c
M	112.5a	81.25ab	83.75ab	66.25b	63.75b	0.00c	0.00c
N	120.93a	104.65ab	93.02ab	79.07ab	62.02b	0.00c	0.00c
O	79.20a	84.80a	64.00a	51.60a	0.00b	0.00b	0.00b

表 2-24　不同浓度 NaCl 溶液胁迫下豆科牧草种子相对胚根长表

编号 Number	NaCl 浓度						
	0.20%	0.40%	0.60%	0.80%	1%	1.20%	1.40%
K	76.42a	78.05a	56.10a	33.33ab	0.00b	0.00b	0.00b
L	89.90a	66.67ab	65.66ab	47.98bc	35.35c	0.00d	0.00d
M	105.97a	81.59ab	68.66bc	45.77c	41.92c	0.00d	0.00d
N	76.96a	60.70ab	52.85ab	45.80b	36.59b	0.00c	0.00c
O	84.44a	82.22ab	59.26ab	39.81bc	0.00c	0.00c	0.00c

长均有增幅，分别为 CK 的 112.50%、120.93%，其中，在 NaCl 盐溶液浓度为 0.60%时，小冠花(N)的相对胚芽长才出现降幅，为 CK 的 93.02%，说明低浓度的盐溶液对小冠花胚芽的生长具有促进作用。草木樨状黄芪(K)、牛枝子(L)和鹰嘴紫云英(O)均在 NaCl 盐溶液浓度为 0.20%时，种子相对胚芽长较对照即表现出降幅，分别为对照的 69.62%、98.65%和 79.20%，说明这 3 种种质材料胚芽生长对盐胁迫较敏感。在 NaCl 盐溶液浓度为高浓度 1.2%~1.4%时，种子相对胚芽长均为 0.00%，说明 5 种种质胚芽生长均不耐受高浓度的盐胁迫(表 2-23)。

比较同一浓度 NaCl 盐溶液胁迫下，种子萌发相对胚根长的数据发现，在 NaCl 盐溶液浓度为 0.20%时，达乌里胡枝子(M)胚根的生长较对照有涨幅，为 CK 的 105.97%，说明低浓度的盐溶液对达乌里胡枝子(M)胚根的生长具有促进作用。草木樨状黄芪(K)、牛枝子(L)、小冠花(N)和鹰嘴紫云英(O)均在 NaCl 盐溶液浓度为 0.20%时，种子相对胚根长较对照即表现出降幅，分别为对照的 76.42%、89.90%、76.96%和 84.44%，说明这 4 种种质材料胚根生长对盐胁迫较敏感，但与 0.40%和 0.60%浓度的盐溶液处理相对胚根长差异均不显著($P>0.05$)。在 NaCl 盐溶液浓度为高浓度 1.2%~1.4%时，种子相对胚根长均为对照的 0.00%，说明 5 种材料胚根生长均不耐受高浓度的盐胁迫(表 2-24)。

(5)对相对胚芽重的影响

从相对胚芽重数据发现，5 种豆科牧草种质材料相对胚芽重均随着盐胁迫浓度的增大，而呈现降低的趋势(表 2-25)。

具体表现为：种质材料草木樨状黄芪(K)和鹰嘴紫云英(O)在盐胁迫浓度为 0.2%时，种子相对胚芽重呈现不同程度降幅，分别为 CK 的 26%和 89%，其中降幅较大的为种质材料草木樨状黄芪(K)，相对胚芽重仅为对照的 26%，显著低于其他种质材料($P<0.05$)，说明种质材料草木樨状黄芪(K)相对胚芽重对盐胁迫非常敏感。小冠花(N)在盐胁迫浓度在 0.80%，相对胚芽重较对照才出

表 2-25　不同浓度盐胁迫下豆科牧草种子相对胚芽重表

编号 Number	相对胚芽重(RRW)						
	0.20%	0.40%	0.60%	0.80%	1%	1.20%	1.40%
K	26.00Ba	19.00Ca	19.00Ba	6.00Ca	0.00Ca	0.00Aa	0.00Aa
L	100.00Aa	71.00BCab	45.00Bbc	46.00Bbc	39.00Abc	0.00Ac	0.00Ac
M	122.00Aa	69.00BCab	56.00Bbc	48.00Bbc	26.00ABbc	0.00Ac	0.00Ac
N	141.00Aa	130.00Aa	118.00Aa	85.00Aab	5.00BCbc	0.00Ac	0.00Ac
O	89.00Aa	87.00ABa	51.00Bab	15.00BCb	0.00Cb	0.00Ab	0.00Ab

现降幅，且仍显著高于其他种质材料（$P<0.05$），说明小冠花（N）胚芽的生长可耐受浓度 0.80%以下的盐胁迫；达乌里胡枝子（M）在盐胁迫浓度 0.20%时，相对胚芽重较对照均有增幅，为 CK 的 122.00%，在盐溶液浓度为 0.40%时，降为对照的 69.00%，说明达乌里胡枝子（M）胚芽的生长可耐受低浓度的盐胁迫（表 2-25）。

（6）豆科牧草萌发期耐盐性综合评价

同样采用相对发芽率（RGP）、相对发芽势（RGR）、相对胚芽长（RPL）、相对胚根长（RRL）、相对发芽指数（RGI）、相对活力指数（RVI）和相对胚根重（RRW）7 项指标，计算被引选的 5 种豆科牧草种质材料盐胁迫下萌发期的综合 D 值，以评价其耐盐性，结果表明，5 种豆科牧草种质材料综合耐盐性 D 值为 0.09~0.79（表 2-26），D 值大小顺序依次为牛枝子（L）>小冠花（N）>达乌里胡枝子（M）>鹰嘴紫云英（O）>草木樨状黄芪（K），说明相对其他种质材料，牛枝子（L）具有较强的耐盐性，草木樨状黄芪（K）的耐盐性相对较差。

表 2-26 豆科牧草各指标隶属函数值及综合评价值表

编号	隶属函数值								
	相对发芽势	相对发芽率	相对胚根长	相对胚芽长	相对发芽指数	相对活力指数	相对胚芽重	综合评价值	排序
K	0.00	0.09	0.00	0.00	0.00	0.00	0.00	0.09	5
L	0.17	0.29	0.12	0.06	0.08	0.07	0.00	0.79	1
M	0.09	0.13	0.16	0.1	0.03	0.06	0.00	0.58	3
N	0.11	0.06	0.22	0.03	0.09	0.14	0.00	0.65	2
O	0.10	0.00	0.02	0.02	0.06	0.05	0.00	0.26	4

2.2.3 结论与讨论

2.2.3.1 讨论

种子萌发是指种子从吸胀作用开始的一系列有序的生理和形态的发生过程。植物种子在受到盐胁迫时，能否正常萌发成苗，是植物在盐碱条件下可以正常生存发育最基本的前提条件。植物种子能正常萌发的一个先决条件是充足的水分，当植物种子受到盐胁迫时，实质上是由于盐浓度产生的渗透胁迫，而影响种子对水分的吸收利用，当植物种子从外界吸收水分受阻，其种子萌发所需的各种酶、蛋白等物质的合成也因此受阻，进而影响种子整个发芽过程。

本研究采用 NaCl 盐溶液模拟盐胁迫，研究不同浓度盐胁迫对 15 种多年生牧草种子相对发芽率、相对发芽势、相对胚芽长、相对胚根长、相对胚根重、相对发芽指数和相对活力指数的影响，结果表明，盐胁迫对各指标均有不同程度的影响，且种质间差异较大，但均表现出随着盐胁迫强度的增强，呈现降低趋势。其中，低浓度(0.2%)盐胁迫对禾本科牧草沙生冰草(C)、细茎冰草(E)、长穗偃麦草(J)，及豆科牧草牛枝子(L)、达乌里胡枝子(M)和小冠花(N)的种子萌发具有促进作用，即“引发作用”。这一研究结果与张利霞等研究的不同钠盐胁迫对夏枯草种子萌发特性，及与毛培春等研究的6种禾本科材料在低盐浓度(0.2%与0.4%)胁迫下种子发芽特性结果相一致,即认为低浓度盐胁迫对供试牧草种子的萌发具有促进作用。分析原因认为可能是在低浓度盐溶液胁迫下,激发了种子内酶的活性,引起引发,在种子的引发过程,种子完成了一些有利于其后萌发及生长的物质代谢过程。而在较高的盐浓度下牧草种子的萌发生长受到了抑制,抑制作用的大小随不同的材料而不同,反映了不同牧草材料间耐盐性的差异。

活力指数越大,表明种子耐盐能力越高,试验中不同NaCl溶液对15种多年生牧草种子相对活力指数的影响程度不同。本研究中15种多年生牧草种子萌发的相对活力指数基本表现为随着NaCl溶液浓度的增加，呈现降低趋势，其中,细茎冰草(E)、披碱草(I)、长穗偃麦草(J)和小冠花(N)4种牧草种子萌发在低浓度盐胁迫下,其种子相对活力指数与对照相比有明显增幅,说明低浓度盐胁迫对种子活力有着促进作用，张俊叶等对9种豆科牧草萌发期耐盐性评价中，也发现低浓度的盐胁迫对种子活力指数、发芽率等指标存在促进作用,与本研究结果一致。

根系的发育直接影响植物的生长发育,综合研究学者的研究,盐胁迫下胚根的生长变异与其抗盐性成正相关,是一个良好的抗盐评价指标。本研究结果中,除豆科牧草达乌里胡枝子(M)种子外,NaCl盐溶液对供试的其他多年生牧草种子萌发胚根的生长均有抑制作用。陈小芳等研究盐胁迫对苜蓿种质资源萌发特性的研究认为,低盐浓度可以促进苜蓿根和苗的生长,尤其在NaCl盐溶液质量分数为0.4%时,对二者的促进作用最大,随后随着盐浓度的增加,产生抑制作用。分析这种差异的原因可能与种质材料不同有关,但具体还需要进一步研究探讨确定。

植物耐盐性评价是一个较为复杂的问题，它是受多种因素影响的复杂数量性状。本研究采用相对发芽率(RGP)、相对发芽势(RGR)、相对胚芽长(RPL)、相对胚根长(RRL)、相对胚根重(RRW)、相对发芽指数(RGI)和相对活力指数(RVI)7 项指标的加权隶属函数值,对 15 种多年生牧草耐盐性进行综合评价认为,不同牧草的耐盐性存在差异。

目前,萌发期选用发芽势及发芽率数据是必选的鉴定指标。研究学者对植物耐盐性评价的方法也各异,本研究采用隶属函数值法,综合考虑各指标的变异系数和权重,可以消除采用单项指标或个别指标带来的片面性,使各种质材料间耐盐性的差异具有可比性,能全面、准确地评价种质的耐盐性。但实际土壤中盐离子的组成复杂多变,在本研究中,仅仅单一利用 NaCl 单盐溶液模拟盐胁迫研究其对牧草种子萌发的影响, 此研究对牧草种子萌发的影响较为片面,这与实际土壤中盐离子的组成还存在差异;此外,种子萌发在大田中还受到土壤温度、土壤理化性质等各方面因素的影响,而且本研究也仅是在萌发期得出的鉴定结果, 具体在苗期及整个生育期的耐盐性都还需要进一步的研究证实,因此,筛选优质耐盐性牧草还需要进一步开展试验进行研究鉴定。

2.2.3.2 结论

采用 NaCl 盐溶液模拟盐胁迫, 研究不同浓度盐胁迫对 15 种多年生牧草种子相对发芽率、相对发芽势、相对胚芽长、相对胚根长、相对胚根重、相对发芽指数和相对活力指数的影响,结果表明,盐胁迫对各指标均有不同程度的影响,且种质间差异较大,但均表现出随着盐胁迫强度的增强,呈现降低趋势。其中,低浓度(0.2%)盐胁迫对禾本科牧草沙生冰草(C)、细茎冰草(E)、长穗偃麦草(J),及豆科牧草牛枝子(L)、达乌里胡枝子(M)和小冠花(N)的种子萌发具有促进作用。

采用相对发芽率(RGP)、相对发芽势(RGR)、相对胚芽长(RPL)、相对胚根长(RRL)、相对胚根重(RRW)、相对发芽指数(RGI)和相对活力指数(RVI)7 项指标的加权隶属函数值，对 15 种多年生牧草耐盐性进行综合评价认为,10 种多年生禾本科牧草耐盐性强弱表现为:披碱草(I)>长穗偃麦草(J)>沙生冰草(C)>细茎冰草(E)>格林针茅(H)>老芒麦(G)>格兰马草(F)>扁穗冰草(D)>宁夏蒙古冰草(A)>蒙古冰草(内蒙)(B)。5 种多年生豆科牧草耐盐性强弱表现为:牛枝子(L)>小冠花(N)>达乌里胡枝子(M)>鹰嘴紫云英(O)>草木樨状黄芪(K)。

3 牧草苗期抗旱性研究

3.1 试验设计与方法

3.1.1 试验设计

2019 年 7 月，在盐池县四墩子实验基地，采用盆栽控水法对 15 种牧草进行抗旱性研究。用统一规格的塑料花盆装入一致的大田土壤，种植一定数量的牧草种子，于温室内进行培育，至苗期稳定后间苗，保证花盆中苗数相同，并搬至有遮雨条件的室外做干旱胁迫实验。实验开始前连续 3 天浇透水，保证土壤吸足水分，测定植物生理指标数据作为对照值（CK），然后开始断水处理，测定持续干旱情况下各植物生理指标、土壤含水量、植物绿叶数及株高。

花盆土壤取自盐池县四墩子试验基地，供试土壤理化性质如表 3-1。

表 3-1 供试田间土壤理化性质表

全氮（g/kg）	全磷（g/kg）	全钾（g/kg）	速效钾（mg/kg）	有效磷（mg/kg）	碱解氮（mg/kg）	有机质（g/kg）	pH 值	全盐 %	5~8 月土壤平均含水量%	5~8 月土壤最低含水量%
0.45±0.045	0.44±0.009	18.78±0.56	208.95±3.51	2.70±1.08	14.14±2.93	6.17±0.99	8.21±0.06	2.27±0.139	12.35±3.42	8.0

3.1.2 指标测定与抗旱性评价

3.1.2.1 生理指标测定

取样时间为早晨8:00~9:00。在不同干旱胁迫取样时间内选取中上部长势一致的健康叶片、迅速放入冰盒，带回室内放入-40℃超低温冰柜中保存，待用。所有指标均采用实验室方法进行测定。

主要包括脯氨酸含量、叶绿素含量、丙二醛含量、超氧化物歧化酶活性、过氧化物酶活性、可溶性糖和过氧化氢酶活性。

叶绿素（Chl）：酒精浸提法；

脯氨酸含量（Pro）：磺基水杨酸法；

丙二醛（MDA）：硫代巴比妥酸法；

超氧化物歧化酶（SOD）：氮蓝四唑法；

过氧化物酶（POD）：愈创木酚比色法；

过氧化氢酶（CAT）：紫外吸收法；

可溶性糖（SS）：蒽酮法；

抗旱胁迫指数：（DIR）（%）=（胁迫处理/对照组）×100%。

3.1.2.2 植物抗旱性评价

采用模糊数学隶属函数法

（1）正隶属函数：$X_{ij1}=(x_{ij}-x_{jmin})/(x_{jmax}-x_{jmin})$

（2）反隶属函数：$X_{ij2}=(x_{jmax}-x_{ij})/(x_{jmax}-x_{jmin})$

（3）标准差系数：$v_j=\sqrt{\dfrac{\sum_{i=1}^{n}(x_{ij}-\overline{x}_j)^2}{\overline{x}_j}}$

(4)权重：$w_j=\frac{v_j}{\sum_{j=1}^{m} v_j}$

(5)综合评价值：$D=\sum_{j=1}^{n} x_{ij1} w_j$

上述公式中 X_{ij} 为第 i 种植物的第 j 个指标的测定值；X_{jmin} 与 X_{jmax} 分别表示所有植物中第 j 个指标测定值的最小值与最大值；当测定指标为负向指标时，应采用反隶属函数。

植物抗旱性评价：

抗旱级别根据各植物综合评价值 D 值大小进行抗旱性评价。

3.1.2.3 土壤含水率的测定

花盆土壤水分采用称重法，每天称取每个花盆的重量。试验开始前对每个空花盆进行编号并称重(G_2,kg)。在试验结束后，将每个带土花盆称重后倒出所有土混匀，然后用铝盒取土样，带回实验室在 105℃烘箱内烘干，求取含水量以计算各花盆中的干土重(G_3,kg)，每个花盆取 6 个重复。然后，利用试验期间每日花盆重(G_1,kg)，计算每日各花盆的土壤重量含水量(T_1,%)：

$$T_1=(G_1-G_2-G_3)/G_3\times 100$$

田间土壤含水率：采用 TDR 每月定期进行土壤体积含水量的监测，分层进行测定，分别为 0~10 cm、10~20 cm、20~40 cm、40~60 cm、60~80 cm 和 80~100 cm，每月测定 3 次。

3.1.2.4 土壤含水量相对收益

采用均方根偏差法进行计算。

土壤含水率的相对收益：$WC=\frac{W_i-W_{min}}{W_{max}-W_{min}}$

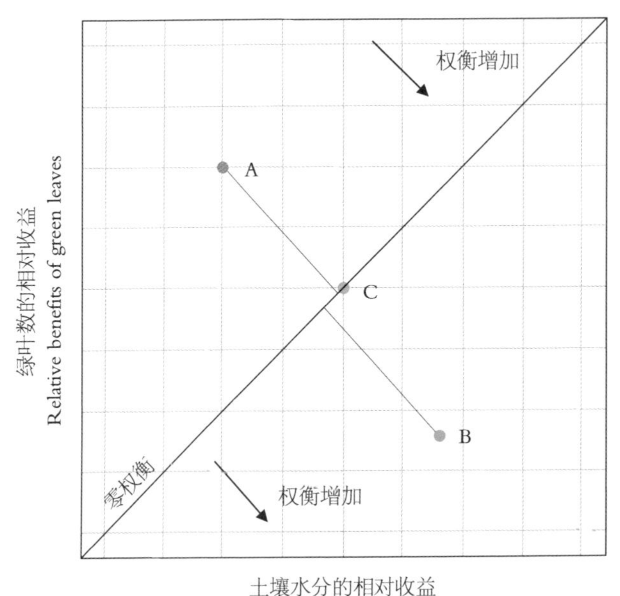

图 3-1　均方根偏差法图

绿叶数的相对收益：$GL=\frac{G_i-G_{min}}{G_{max}-G_{min}}$

绿叶数与土壤含水率的均方根偏差法：$RMSD=\frac{WC-GL}{\sqrt{2}}$

式中：W_i 和 G_i 分别是土壤水分和叶片数。

W_{min} 和 W_{max} 分别是土壤水分在所有样本中的最小值和最大值，G_{min} 与 G_{max} 分别是绿叶数在所有样本中的最小值和最大值。如图 3-1 所示，*RMSD* 通过某一绿叶数和土壤水分坐标点到 1:1 线的距离来表征二者之间的权衡关系：在 1:1 线上（如点 C），二者权衡为 0；距离 1:1 线越远（如点 A 与点 B）/越近（点 C），二者权衡度越大/越小。此外，数据点相对于较 1:1 线的位置也可说明哪种指标的收益更多一些，点 B 表示收益土壤水分，即土壤水分足以维持当前植物绿叶数；而点 A 表示收益绿叶数，意味着土壤水分收益受损，即维持当前绿叶数以消耗土壤水分为代价。

3.1.2.5 土壤水分阈值确定

采用分位数模型进行确定。分位数回归是依据因变量的条件分位数对自变量进行回归,得到所有分位数下的回归模型;相较于普通最小二乘回归只能描述自变量 X 对于因变量 Y 局部变化的影响而言,分位数模型更能精确地描述数据各部分情况,使用更加灵活,传统的线性回归模型满足同方差性,常常要求假设残差服从正态分布,当出现重尾或强影响数据点时,结果往往会受到很强的影响,而分位数回归模型,能够有效地捕捉到数据分布的尾部特征,当自变量对因变量分布的不同位置产生不同影响时,它就能更加全面地刻画分布特征,从而得到全面的分析。

0 权衡点为维持植物正常生长的响应点,低于 0 权衡点数据中存在死亡或严重胁迫状态下的牧草,当胁迫突破耐受阈值,植物开始死亡,此时土壤含水量不再与权衡值呈线性相关,对土壤阈值的确定存在很大影响,因此确定各植物分位数模型 0 权衡点在数据分布情况,对分位点的确定以及寻找准确的土壤含水量阈值有着重要意义。

3.1.2.6 干旱等级划分

旱情的评估方法有:土壤墒情法、降水量距评法、连续无雨日数法、缺水率法等,本研究结合土壤含水量估测维持植物正常生长的水分阈值,因此,用土壤墒情法作为土壤干旱标准程度的判定标准,并结合高桂霞等对干旱指标及等级划分方法,划分本研究干旱等级为 3 个:即轻度干旱(土壤含水率 12%~15%)、中度干旱(土壤含水率 8%左右)和重度干旱(土壤含水率小于 5%)。

3.2 结果分析

3.2.1 禾本科牧草苗期抗旱性研究

3.2.1.1 绿叶数和株高对干旱胁迫的响应

由图 3-2 可知,10 种牧草绿叶数基本呈现随干旱胁迫时间的延长而下降趋势。但宁夏蒙古冰草(A)与格兰马草(F)较其他牧草的不同点在于,在试验中期(7 月 21 日与 7 月 18 日)宁夏蒙古冰草(A)与格兰马草(F) 绿叶数出现了增长。试验前期,即干旱胁迫初期(7 月 10 日)绿叶数由小到大分别为格兰马草(F)<蒙古冰草(内蒙)(B)<格林针茅(H)<宁夏蒙古冰草(A)<披碱草(I)<沙生冰草(C)<老芒麦(G)<长穗偃麦草(J)<细茎冰草(E)<扁穗冰草(D)。其中,宁夏蒙古冰草(A)在整个试验期绿叶数差异均不显著($P>0.05$),说明干旱胁迫未对牧草宁夏蒙古冰草(A)绿叶数造成显著影响;格兰马草(F)在试验前期和中期(7 月 10 日、7 月 18 日—7 月 24 日)绿叶数差异不显著($P>0.05$),试验后期(7 月 29 日)绿叶数显著低于试验前期(7 月 13 日)($P<0.05$),说明在试验后期干旱胁迫对格兰马草(F)影响较大;沙生冰草(C)、老芒麦(G)和长穗偃麦草(J)均在试验中后期(7 月 21 日)绿叶数下降为 0,披碱草(I)在试验中后期(7 月 24 日)绿叶数下降为 0,且均显著低于试验前期(7 月 10 日—7 月 13 日)($P<0.05$),说明沙生冰草(C)、老芒麦(G)、披碱草(I)和长穗偃麦草(J)在试验中期(7 月 21 日)时即受到严重的干旱胁迫,土壤含水量不足以维持植物正常生长。扁穗冰草(D)和细茎冰草(E) 2 种牧草在试验后期(7 月 29 日)绿叶数下降为 0,且均显著低于试验前中期(7 月 10 日—7 月 18 日)($P<0.05$),说明这 2 种牧

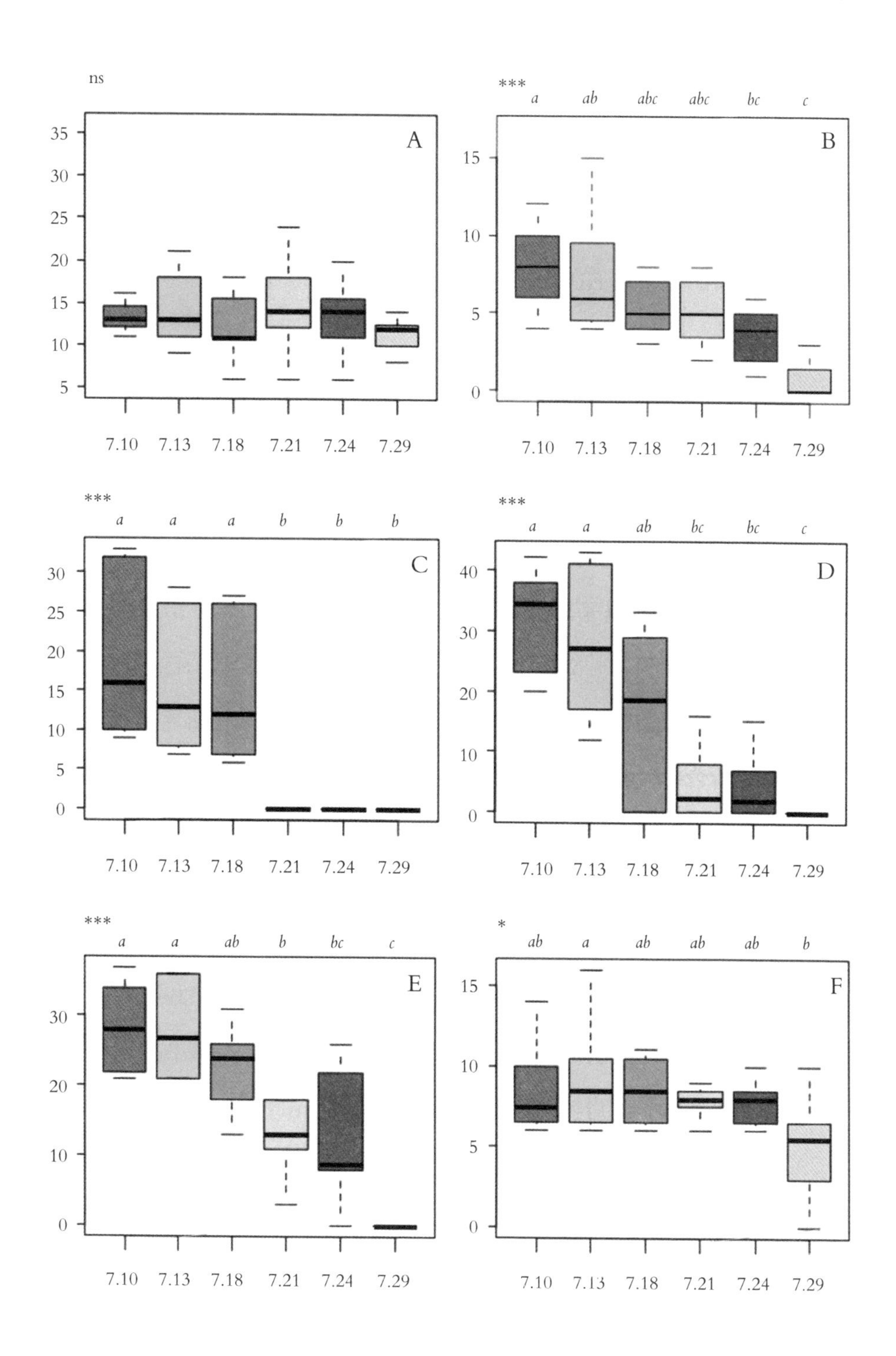
ns
A
35
30
25
20
15
10
5
7.10 7.13 7.18 7.21 7.24 7.29
***
a ab abc abc bc c
B
15
10
5
0
7.10 7.13 7.18 7.21 7.24 7.29
***
a a a b b b
C
30
25
20
15
10
5
0
7.10 7.13 7.18 7.21 7.24 7.29
***
a a ab bc bc c
D
40
30
20
10
0
7.10 7.13 7.18 7.21 7.24 7.29
***
a a ab b bc c
E
30
20
10
0
7.10 7.13 7.18 7.21 7.24 7.29
*
ab a ab ab ab b
F
15
10
5
0
7.10 7.13 7.18 7.21 7.24 7.29

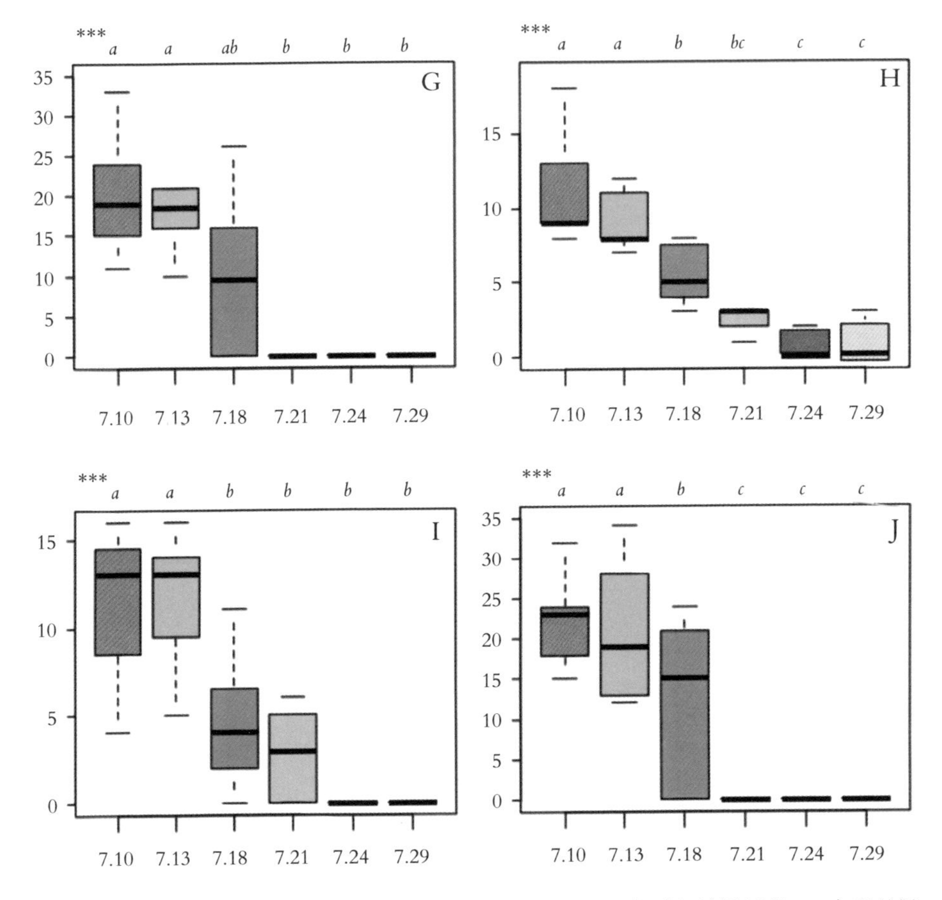

注：图中小写字母表示同一牧草不同时间绿叶数在 0.05 水平上差异显著，ns 表示差异不显著，下同。

图 3-2　禾本科牧草绿叶数箱线图

草在试验后期（7 月 24 日）受到严重的干旱胁迫，土壤含水量不足以维持牧草正常生长。

由图 3-3 可知，10 种禾本科牧草株高随干旱胁迫表现不一。其中，宁夏蒙古冰草（A）在整个干旱胁迫时期株高呈先上升后下降的趋势，在试验中期 7 月 21 日时株高达到顶峰，且显著高于试验初期（7 月 10 日）的株高（$P<0.05$），说明胁迫前期土壤含水量仍足以支持植物正常生长；其余 9 种牧草在干旱胁迫试

验期，试验末期较试验初期株高均呈现下降趋势。其中蒙古冰草（内蒙）(B)在各时间段内株高并无显著差异($P>0.05$)；沙生冰草(C)、扁穗冰草(D)、格林针茅(H)、披碱草(I)和长穗偃麦草(J)，在7月21日株高变为0，说明这5种牧草在试验中期(7月21日)对干旱胁迫响应较为强烈；细茎冰草(E)和老芒麦(G)在试验中末期(7月24日—7月29日)株高降为0，说明试验末期随着土壤水分的减少，这2种牧草对干旱胁迫响应较为强烈；格兰马草(F)在试验前期和中期(7月10日—7月24日)，牧草株高无显著差异($P>0.05$)，试验末期(7月29日)株高显著低于试验初期(7月10日)($P<0.05$)。

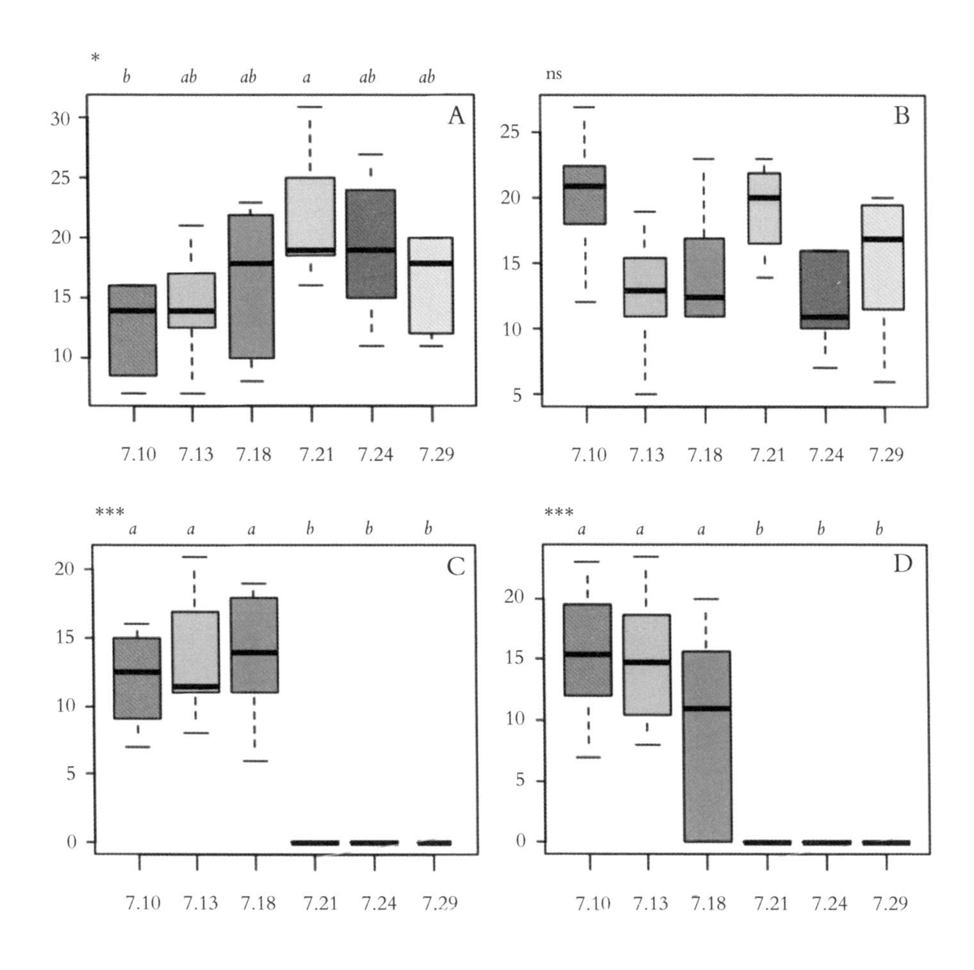

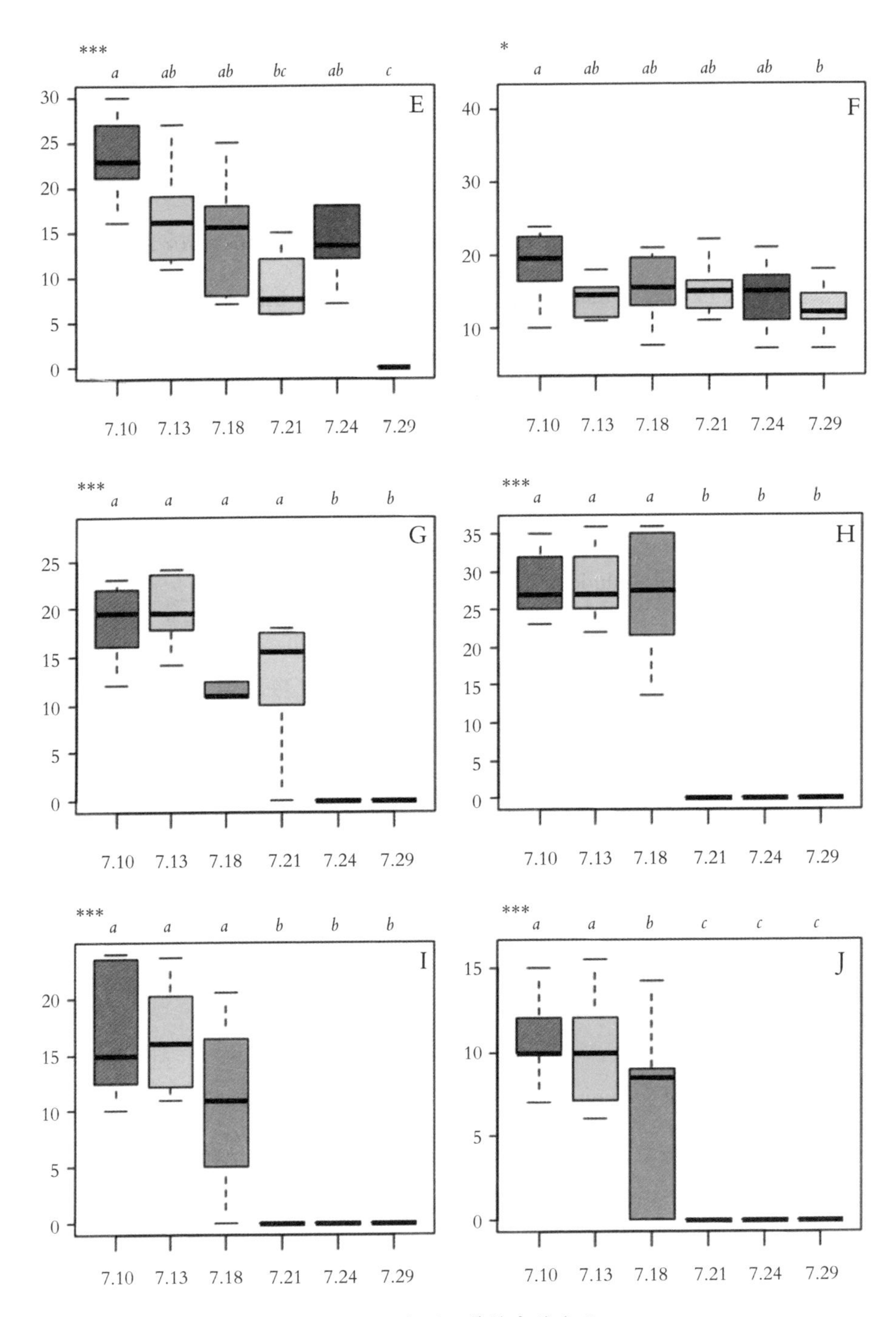

图 3-3 禾本科牧草株高箱线图

3.2.1.2 土壤含水量阈值确定

(1)绿叶数—土壤含水率权衡沿土壤含水率梯度的分布

利用各抗旱植物的绿叶数与土壤含水量进行权衡分析，采用分位数回归拟合均方根偏差(RMSD)沿土壤含水量梯度上的权衡过程和响应阈值,结果看出，各抗旱植物分位数回归模型与0权衡的交点即为土壤含水量的关键转折点,10种禾本科植物中仅细茎冰草(E)与格兰马草(F)分位数回归模型的截距与斜率通过了显著性检验($P<0.05$),其余植物分位数模型均未通过检验。细茎冰草(E)与格兰马草(F)的干旱胁迫土壤响应阈值分别为9.1%与9.7%,即当土壤含水量低于9.7%时,格兰马草(F)权衡值为负值,且沿含水量的降低权衡增大,土壤含水量的相对收益减小,维持植物的绿叶数,是以消耗土壤水分为代价,当土壤含水量等于9.7%时,权衡值为0,说明当前水分足以维持植物正常生长(图3-4)。根据田间最低土壤含水率(8%)与土壤干旱程度分级标准(土壤含水率8%左右为中旱土壤),细茎冰草(E)与格兰马草(F)土壤含水量阈值符合中旱土壤要求,说明细茎冰草(E)与格兰马草(F)植物能够在该地区中旱的土壤中维持自身绿叶的正常生长,耐受干旱胁迫,可以作为抗旱优质牧草。

(2)株高—土壤含水率权衡沿土壤含水率梯度的分布

从图3-5可以看出，各抗旱植物分位数回归模型与0权衡的交点即为土壤含水量的关键转折点,10种禾本科牧草中仅宁夏蒙古冰草（A)、蒙古冰草(内蒙)(B)、细茎冰草(E)、格兰马草(F)分位数回归模型的截距与斜率通过了显著性检验($P<0.05$),其余6种牧草分位数模型均未通过检验。其中,宁夏蒙古冰草(A)、蒙古冰草(内蒙)(B)、细茎冰草(E)和格兰马草(F)株高—土壤含水量阈值分别为13.0%、13.8%、4.9%、5.6%,根据田间最低土壤含水率(8%)与土壤干旱程度分级标准(土壤含水率5%左右为重旱土壤),细茎冰草(E)与格兰

马草(F)土壤含水量阈值符合重旱土壤要求，说明细茎冰草(E)与格兰马草(F)2种牧草能够在该地区重旱的土壤中维持自身株高，耐受干旱胁迫，可以作为抗旱优质牧草。而宁夏蒙古冰草(A)与蒙古冰草(内蒙)(B)土壤含水量阈值仅在轻度干旱(土壤含水率12%~15%)范围内，说明宁夏蒙古冰草(A)与蒙古冰草(内蒙)(B)可以在该地区轻度干旱的环境下进行植株生长，可以作为轻度干旱区域的引种牧草。

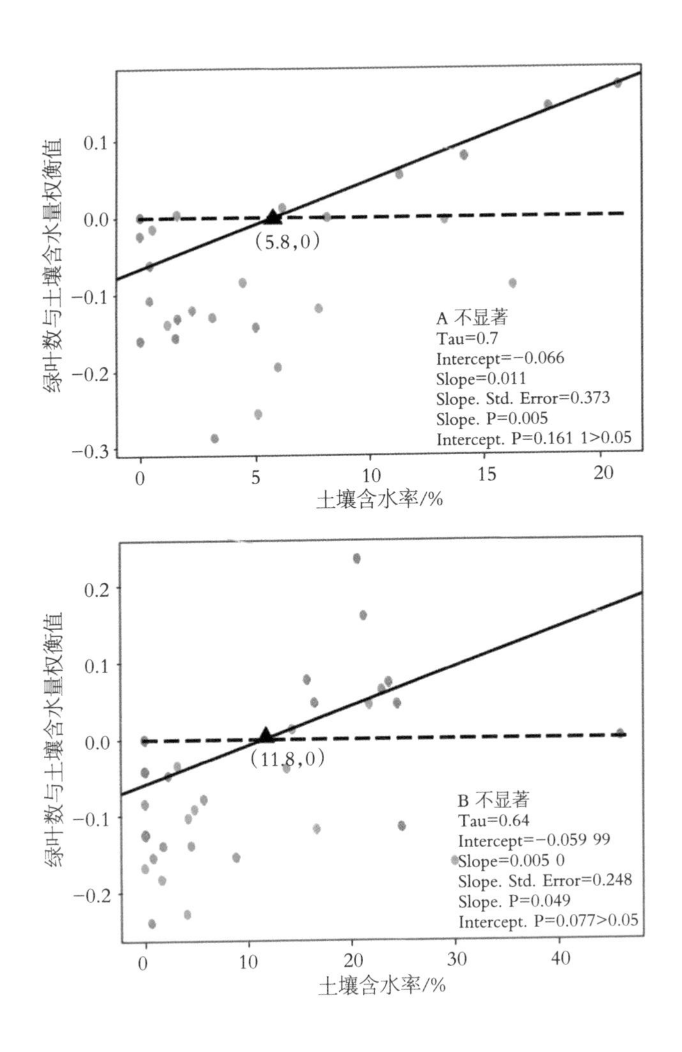

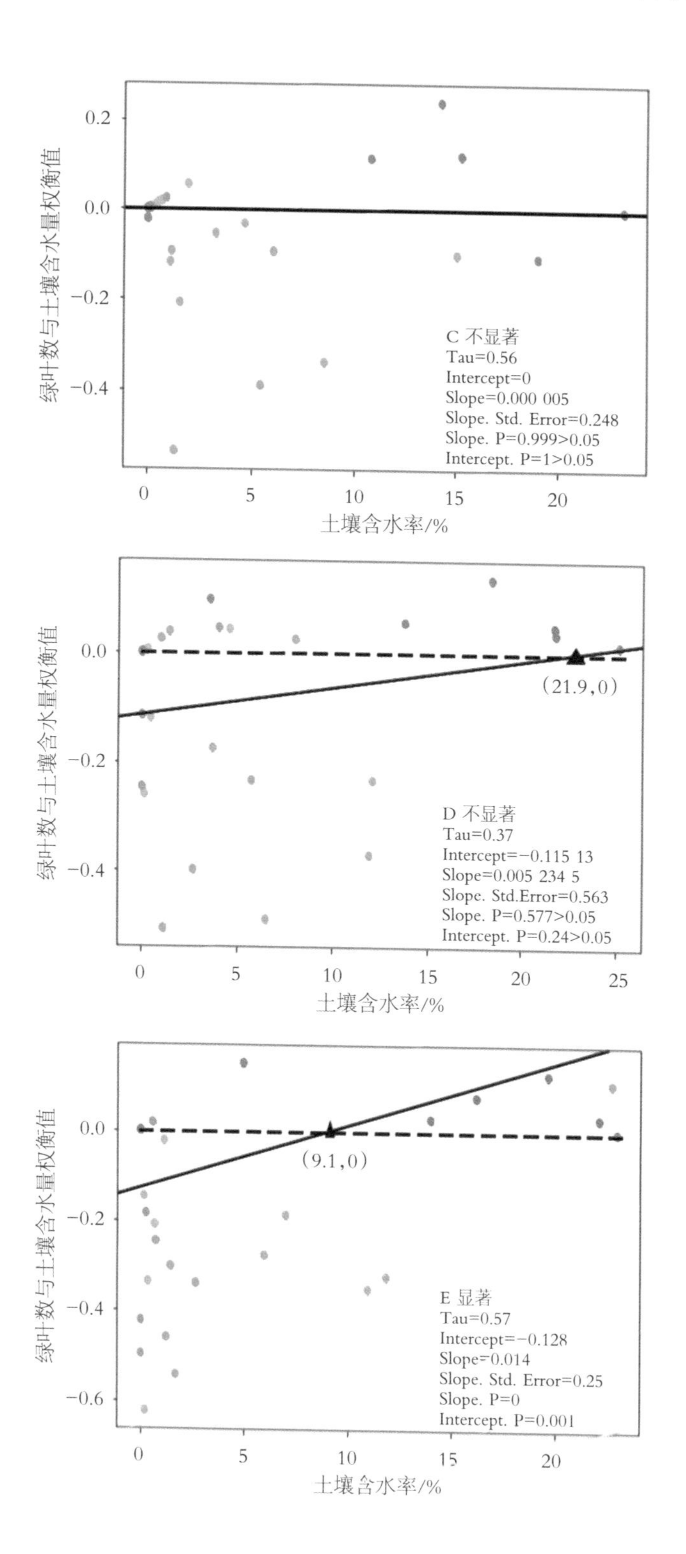

绿叶数与土壤含水量权衡值
0.2
0.0
−0.2
−0.4
C 不显著
Tau=0.56
Intercept=0
Slope=0.000 005
Slope. Std. Error=0.248
Slope. P=0.999>0.05
Intercept. P=1>0.05
0
5
10
15
20
土壤含水率/%
绿叶数与土壤含水量权衡值
0.0
−0.2
−0.4
(21.9, 0)
D 不显著
Tau=0.37
Intercept=−0.115 13
Slope=0.005 234 5
Slope. Std.Error=0.563
Slope. P=0.577>0.05
Intercept. P=0.24>0.05
0
5
10
15
20
25
土壤含水率/%
绿叶数与土壤含水量权衡值
0.0
−0.2
−0.4
−0.6
(9.1, 0)
E 显著
Tau=0.57
Intercept=−0.128
Slope=0.014
Slope. Std. Error=0.25
Slope. P=0
Intercept. P=0.001
0
5
10
15
20
土壤含水率/%

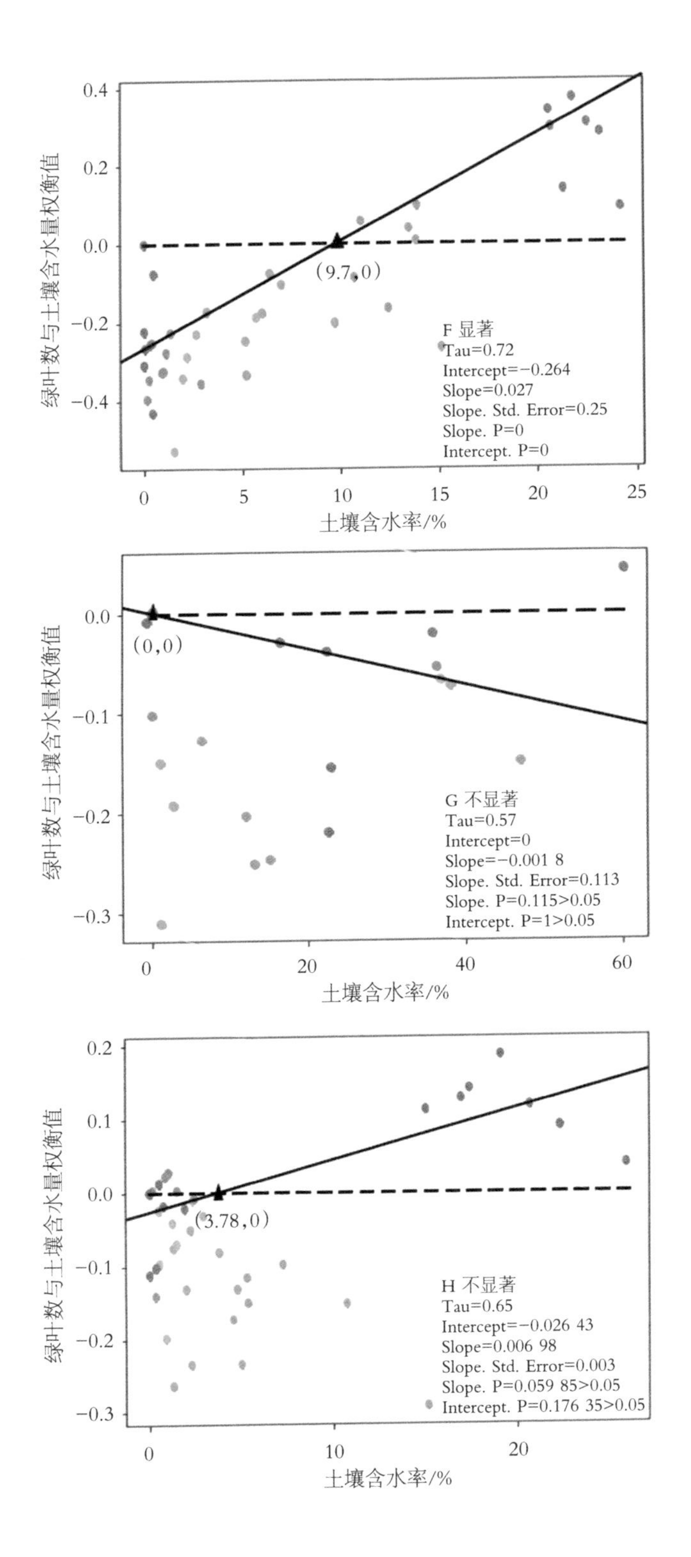

绿叶数与土壤含水量权衡值
(9.7,0)
F 显著
Tau=0.72
Intercept=−0.264
Slope=0.027
Slope. Std. Error=0.25
Slope. P=0
Intercept. P=0
土壤含水率/%
绿叶数与土壤含水量权衡值
(0,0)
G 不显著
Tau=0.57
Intercept=0
Slope=−0.001 8
Slope. Std. Error=0.113
Slope. P=0.115>0.05
Intercept. P=1>0.05
土壤含水率/%
绿叶数与土壤含水量权衡值
(3.78,0)
H 不显著
Tau=0.65
Intercept=−0.026 43
Slope=0.006 98
Slope. Std. Error=0.003
Slope. P=0.059 85>0.05
Intercept. P=0.176 35>0.05
土壤含水率/%

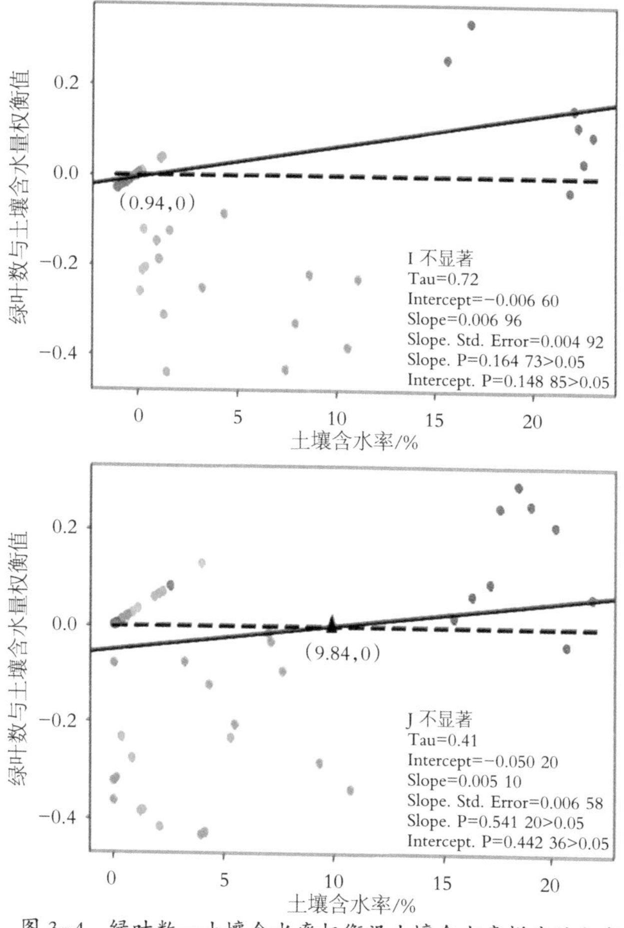

图 3-4 绿叶数—土壤含水率权衡沿土壤含水率梯度的分布

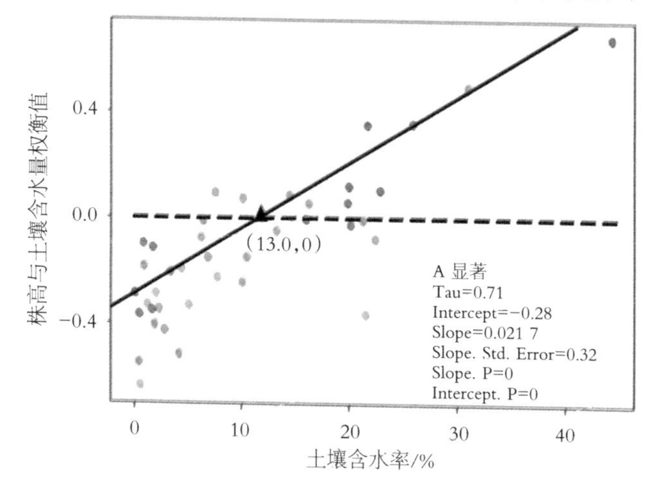

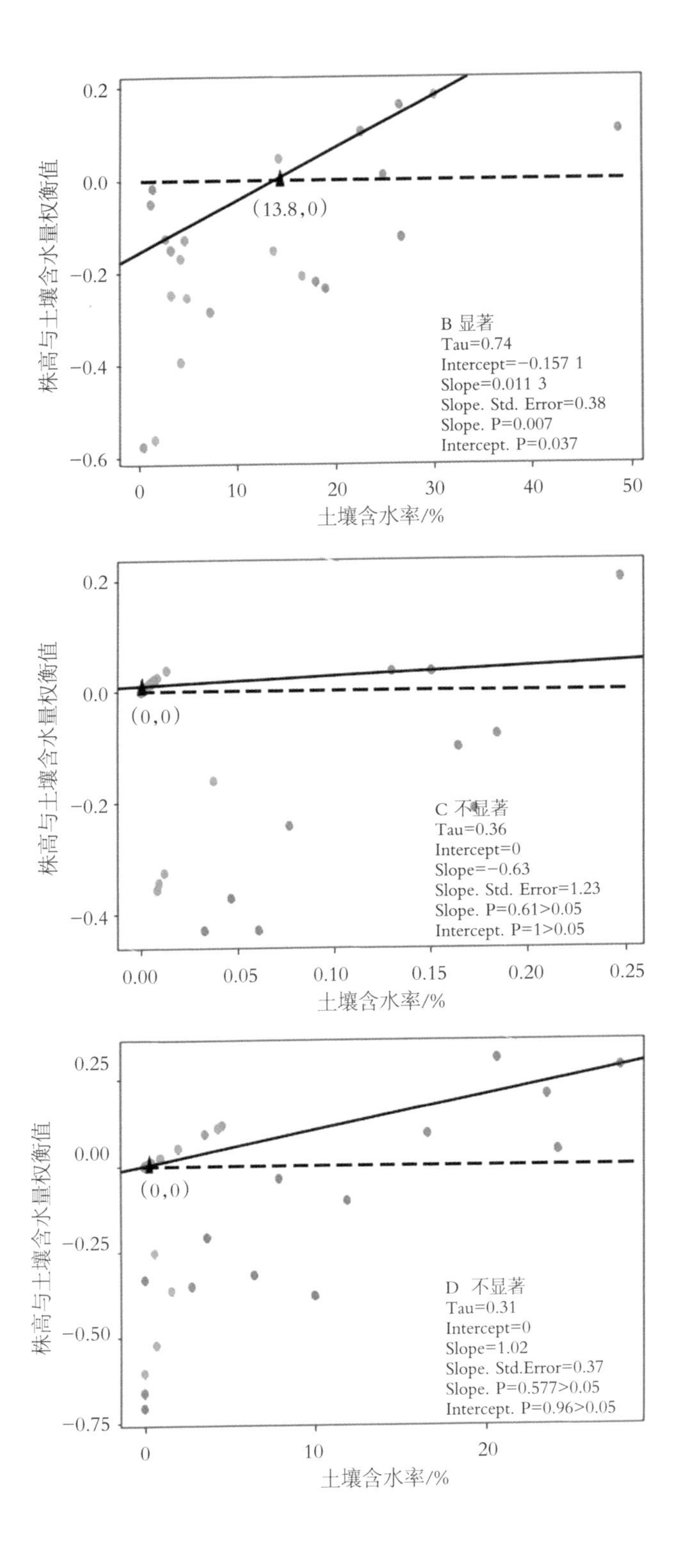
0.2
0.0
−0.2
−0.4
−0.6
株高与土壤含水量权衡值
(13.8,0)
B 显著
Tau=0.74
Intercept=−0.157 1
Slope=0.011 3
Slope. Std. Error=0.38
Slope. P=0.007
Intercept. P=0.037
0
10
20
30
40
50
土壤含水率/%
0.2
0.0
−0.2
−0.4
株高与土壤含水量权衡值
(0,0)
C 不显著
Tau=0.36
Intercept=0
Slope=−0.63
Slope. Std. Error=1.23
Slope. P=0.61>0.05
Intercept. P=1>0.05
0.00
0.05
0.10
0.15
0.20
0.25
土壤含水率/%
0.25
0.00
−0.25
−0.50
−0.75
株高与土壤含水量权衡值
(0,0)
D 不显著
Tau=0.31
Intercept=0
Slope=1.02
Slope. Std.Error=0.37
Slope. P=0.577>0.05
Intercept. P=0.96>0.05
0
10
20
土壤含水率/%

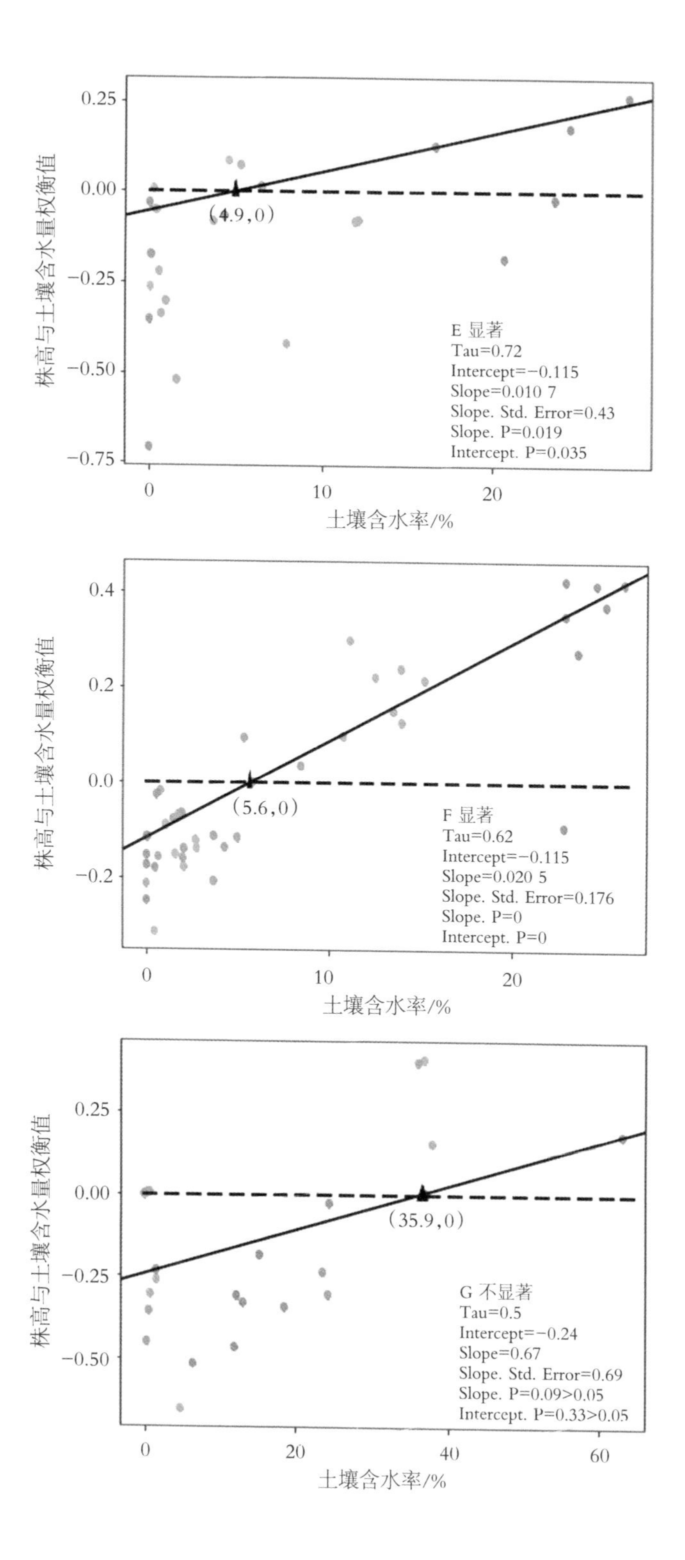

株高与土壤含水量权衡值
(4.9,0)
E 显著
Tau=0.72
Intercept=−0.115
Slope=0.010 7
Slope. Std. Error=0.43
Slope. P=0.019
Intercept. P=0.035
土壤含水率/%
株高与土壤含水量权衡值
(5.6,0)
F 显著
Tau=0.62
Intercept=−0.115
Slope=0.020 5
Slope. Std. Error=0.176
Slope. P=0
Intercept. P=0
土壤含水率/%
株高与土壤含水量权衡值
(35.9,0)
G 不显著
Tau=0.5
Intercept=−0.24
Slope=0.67
Slope. Std. Error=0.69
Slope. P=0.09>0.05
Intercept. P=0.33>0.05
土壤含水率/%

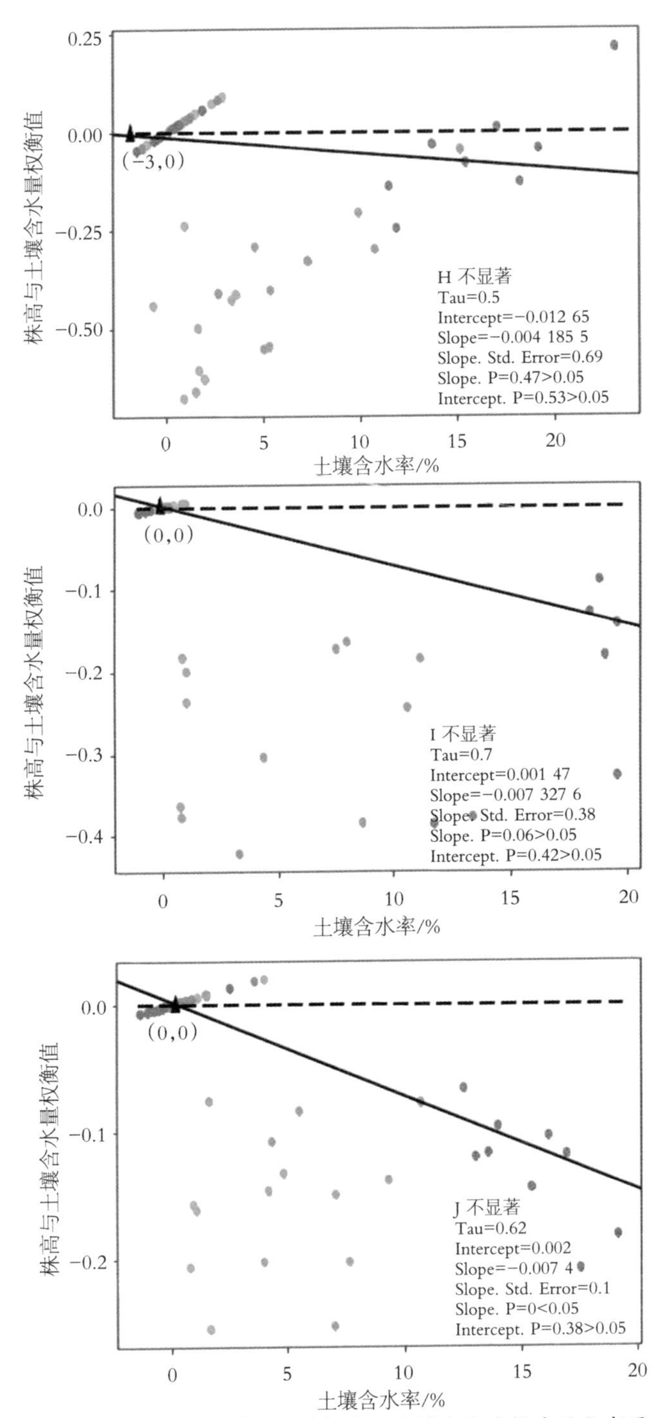

图 3-5 株高—土壤含水率权衡沿土壤含水率梯度的分布图

3.2.1.3 模型检验

通过显著性检验共有6个分位数模型，即宁夏蒙古冰草（A）（株高—土壤含水量权衡分位数模型）、蒙古冰草（内蒙）（B）（株高—土壤含水量权衡分位数模型）、细茎冰草（E）（绿叶数—土壤含水量权衡分位数模型）、细茎冰草（E）（株高—土壤含水量权衡分位数模型）、格兰马草（F）（绿叶数—土壤含水量权衡分位数模型）与格兰马草（F）（株高—土壤含水量权衡分位数模型），利用检验组数据对模型进行验证，检验结果见图3-6。

由图3-6可知，蒙古冰草（内蒙）（B）（株高—土壤含水量权衡分位数模型）拟合系数较差（R^2=0.143 8）；宁夏蒙古冰草（A）（株高—土壤含水量权衡分位数模型）拟合系数R^2=0.698 2，精度较高；格兰马草（F）的2个分位数模型检验组拟合系数均达到0.9以上，RMSE均小于等于0.12，细茎冰草（E）株高—土壤含水量权衡分位数模型的分位数模型检验组拟合系数为0.525，RMSE=0.1，绿叶数—土壤含水量权衡分位数模型的分位数模型检验组拟合系数为0.80，RMSE=0.38，模型精度较好。说明分位数模型可以确定维持细茎冰草（E）与格兰马草（F）生长（绿叶、株高）的土壤含水量响应阈值。

3.2.1.4 禾本科牧草生理指标变化

（1）对叶片质膜系统的影响

干旱胁迫处理下，10种禾本科牧草的丙二醛的DRI值均大于1，且各牧草在干旱胁迫下丙二醛DRI值差异均不显著（$P>0.05$）（图3-7）。

（2）对叶片渗透调节物质的影响

由图3-7可以看出，干旱处理下，10种禾本科牧草脯氨酸的DRI值存在差异。其中，宁夏蒙占冰草（A）脯氨酸的DRI值最高，显著高于其他9种禾本

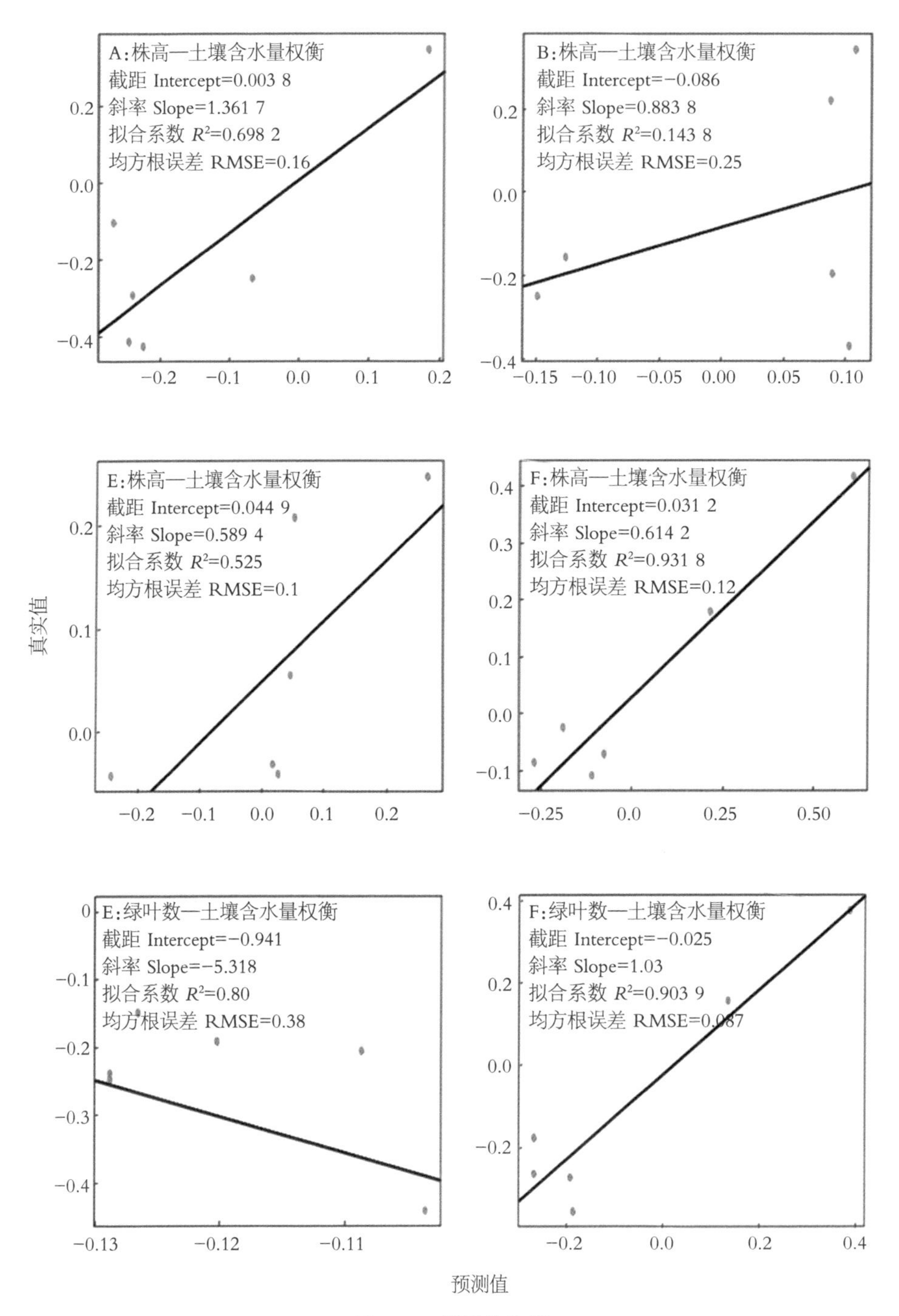
A:株高—土壤含水量权衡
截距 Intercept=0.003 8
斜率 Slope=1.361 7
拟合系数 R^2=0.698 2
均方根误差 RMSE=0.16
B:株高—土壤含水量权衡
截距 Intercept=−0.086
斜率 Slope=0.883 8
拟合系数 R^2=0.143 8
均方根误差 RMSE=0.25
E:株高—土壤含水量权衡
截距 Intercept=0.044 9
斜率 Slope=0.589 4
拟合系数 R^2=0.525
均方根误差 RMSE=0.1
F:株高—土壤含水量权衡
截距 Intercept=0.031 2
斜率 Slope=0.614 2
拟合系数 R^2=0.931 8
均方根误差 RMSE=0.12
E:绿叶数—土壤含水量权衡
截距 Intercept=−0.941
斜率 Slope=−5.318
拟合系数 R^2=0.80
均方根误差 RMSE=0.38
F:绿叶数—土壤含水量权衡
截距 Intercept=−0.025
斜率 Slope=1.03
拟合系数 R^2=0.903 9
均方根误差 RMSE=0.087
真实值
预测值

图 3-6　模型检验图

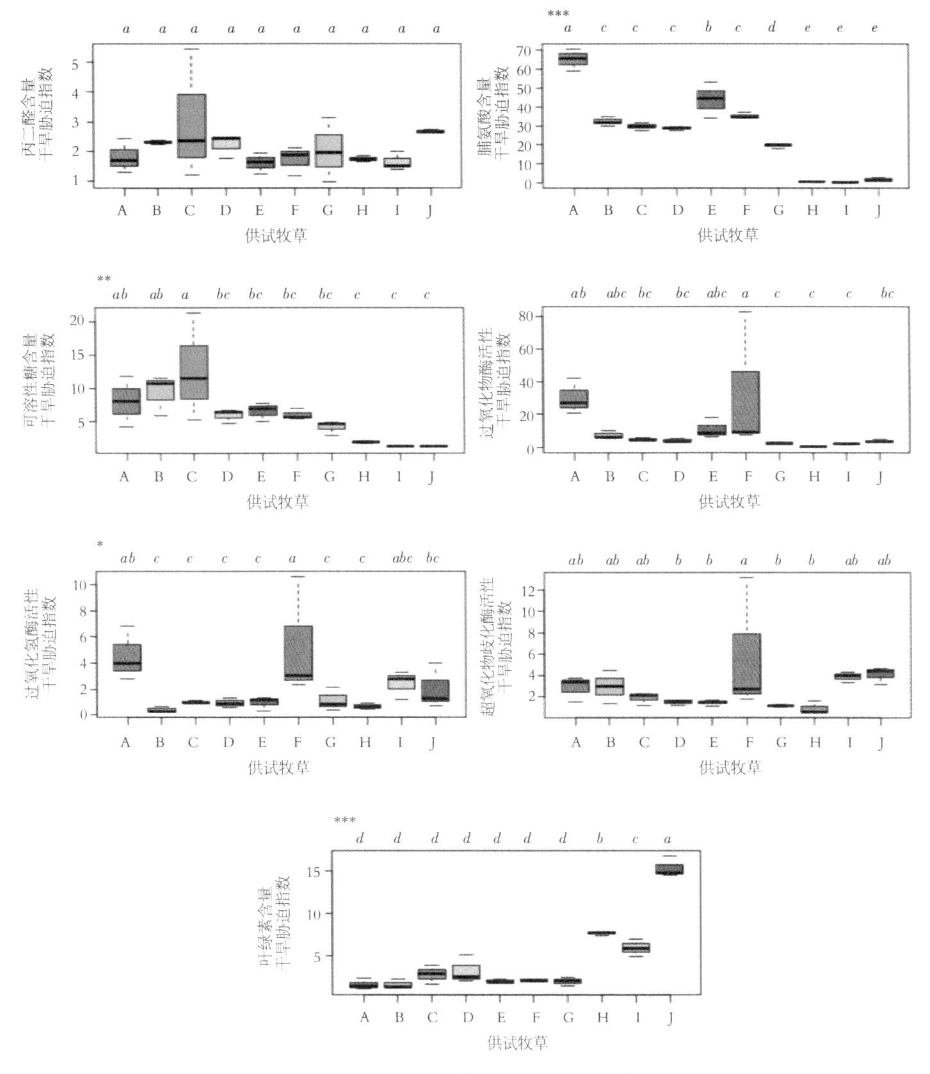

图 3-7　禾本科牧草干旱胁迫指数箱线图

科牧草($P<0.05$);长穗偃麦草(J)脯氨酸的 DRI 值最低,但与格林针茅(H)和披碱草(I)差异不显著($P>0.05$),显著低于其他禾本科牧草($P<0.05$)。

干旱处理下,10 种禾本科牧草的可溶性糖 DRI 值均大于 1（图 3-7)。其中,沙生冰草(C)的 DRI 值最高,为 12.65,显著高于除宁夏蒙古冰草(A)和蒙古冰草(内蒙)(B)外的其余禾本科牧草($P<0.05$);披碱草(I)可溶性糖的 DRI

值最低，为1.27，显著低于宁夏蒙古冰草（A）、蒙古冰草（内蒙）（B）和沙生冰草（C）（$P<0.05$），但与其他禾本科牧草差异不显著（$P>0.05$）。

（3）对叶片抗氧化酶的影响

干旱处理下，10种禾本科牧草过氧化物酶的DRI存在差异（图3-7）。其中，格林针茅（H）过氧化物酶的DRI的值最低，为0.13，显著低于宁夏蒙古冰草（A）和格兰马草（F）（$P<0.05$），但与其余禾本科牧草差异不显著（$P>0.05$）；其余9种牧草过氧化物酶的DRI值均大于1。其中，格兰马草（F）的过氧化物酶的DRI的值最高，为33.01，但与宁夏蒙古冰草（A）、蒙古冰草（内蒙）（B）和细茎冰草（E）差异不显著（$P>0.05$），显著高于其他禾本科牧草（$P<0.05$）。

由图3-7可以看出，10种禾本科牧草超氧化物歧化酶的DRI值均大于1。其中，格兰马草（F）超氧化物歧化酶的DRI的值最高，显著高于扁穗冰草（D）、细茎冰草（E）、老芒麦（G）和格林针茅（H）（$P<0.05$），但与其他禾本科牧草差异不显著（$P>0.05$）。

干旱胁迫下，10种禾本科牧草过氧化氢酶的DRI值存在差异（图3-7）。其中，蒙古冰草（内蒙）（B）、扁穗冰草（D）、细茎冰草（E）和格林针茅（H）的DRI值均小于1，且显著小于宁夏蒙古冰草（A）和格兰马草（F）（$P<0.05$），但与其他禾本科牧草差异不显著（$P>0.05$）；格兰马草（F）过氧化氢酶的DRI值最高，为5.30，但与宁夏蒙古冰草（A）和披碱草（I）差异不显著（$P>0.05$），显著高于其他7种禾本科牧草（$P<0.05$）。

（4）对叶片叶绿素的影响

由图3-7可以看出，干旱胁迫处理下，10种禾本科牧草的叶绿素DRI值均大于1。其中，长穗偃麦草（J）叶绿素的DRI值最高，显著高于其他9种禾本科牧草（$P<0.05$）；宁夏蒙古冰草（A）叶绿素的DRI值最低，显著低于格林针茅（H）、披碱草（I）和长穗偃麦草（J）（$P<0.05$），但与其他禾本科牧草差异不显

著(P>0.05)。

3.2.1.5 生理指标综合评价

以10种禾本科牧草的POD,SOD,CAT、MDA、SS、Pro、Chl值共计7项生理指标进行综合分析，计算10种禾本科牧草各指标下的DRI隶属值与权重,并以综合评价值D值鉴定各牧草抗旱性。结果表明,本试验中选取的10种禾本科牧草抗旱性强弱综合排序为:格林针茅(H)<披碱草(I)<长穗偃麦草(J)<老芒麦(G)<扁穗冰草(D)<沙生冰草(C)<蒙古冰草(内蒙)(B)<格兰马草(F)<细茎冰草(E)<宁夏蒙古冰草(A)。其中,抗旱性相对最强为宁夏蒙古冰草(A),抗旱性相对最弱的为格林针茅(H)(表3-2)。

表3-2 禾本科牧草综合评价D值表

编号 Number	隶属函数值								
	POD DRI	Pro DRI	MDA DRI	SS DRI	Chl DRI	SOD DRI	CAT DRI	D值	排序
A	0.23	0.58	0.01	0.02	0	0.01	0.04	0.9	1
B	0.06	0.29	0	0.04	0	0.01	0	0.39	4
C	0.04	0.26	0	0.06	0.01	0.01	0.01	0.39	5
D	0.03	0.25	0	0.02	0.01	0	0.01	0.33	6
E	0.08	0.38	0.01	0.02	0.01	0	0	0.49	2
F	0.1	0.31	0.01	0.02	0.01	0.02	0.03	0.49	3
G	0.02	0.17	0.01	0	0	0	0	0.21	7
H	0	0	0.02	0.03	0	0.01	0	0.06	10
I	0.02	0.03	0	0.02	0.01	0	0	0.08	9
J	0.03	0.03	0.01	0.1	0	0	0.02	0.19	8

3.2.2　豆科牧草苗期抗旱性研究

3.2.2.1　豆科牧草绿叶数和株高对干旱胁迫的响应

由图 3-8 可知,5 种豆科牧草绿叶数对干旱胁迫的表现不同。其中,试验前期,即干旱胁迫初期(7 月 10 日)5 种豆科牧草绿叶数由小到大表现为:牛枝子(L)<草木樨状黄芪(K)<小冠花(N)<鹰嘴紫云英(O)<达乌里胡枝子(M),随着干旱胁迫时间的延长,均呈现随干旱胁迫时间延长而下降的趋势,但在干旱胁迫试验前中期(7 月 10 日—7 月 21 日),草木樨状黄芪(K)、牛枝子(L)和小冠花(N)3 种豆科牧草绿叶数差异均不显著(P>0.05);说明轻度干旱胁迫未对这 3 种牧草的绿叶数造成显著影响;试验后期(7 月 29 日)5 种豆科牧草绿

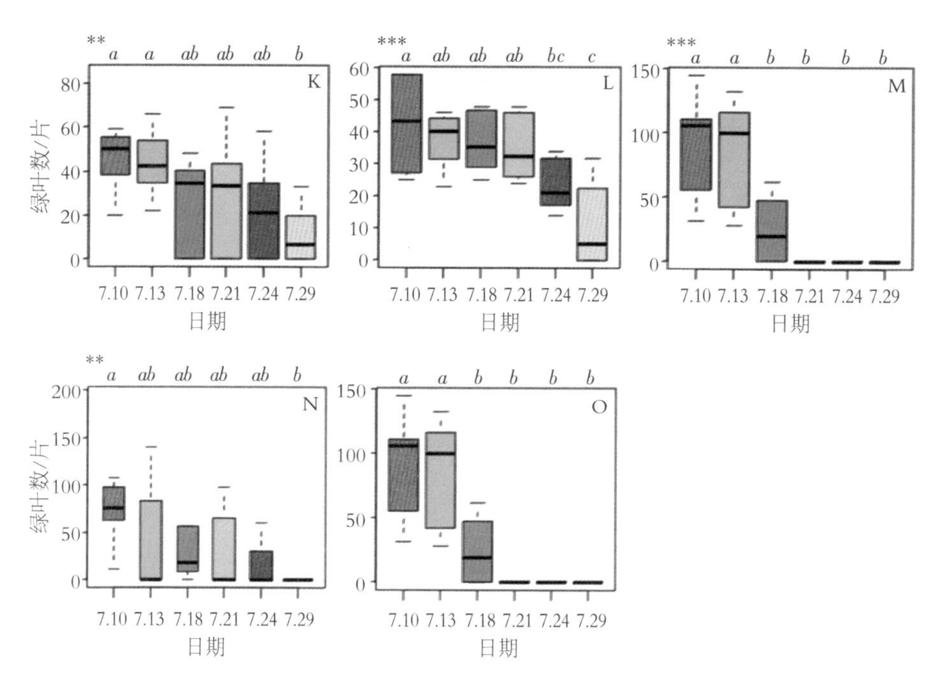

注:图中小写字母表示同一牧草不同时间绿叶数在 0.05 水平上差异显著,下同。

图 3-8　豆科牧草绿叶数箱线图

叶数均显著低于试验前期(7 月 10 日)($P<0.05$),说明严重的干旱胁迫对着 5 种豆科牧草的绿叶数影响均较大,且达乌里胡枝子(M)和鹰嘴紫云英(O)在试验中期(7 月 21 日),小冠花(N)在试验末期(7 月 29 日)绿叶数降为 0,说明试验中后期这 3 种豆科牧草受到干旱胁迫，土壤含水量已不足以维持该牧草的正常生长。

由图 3-9 可知,5 种豆科牧草株高随着干旱胁迫时间的延长而表现不一。其中,草木樨状黄芪(K)、牛枝子(L)和鹰嘴紫云英(O)3 种豆科牧草在整个干旱胁迫试验期,株高差异不显著($P>0.05$),且牛枝子(L)和鹰嘴紫云英(O)随着干旱胁迫时间延长株高呈现先上升后下降的趋势，株高分别在试验中期(7 月 21 日和 7 月 18 日)时达到顶峰,说明干旱胁迫前期,土壤含水量仍足以维持这 2 种牧草正常生长;达乌里胡枝子(M)和小冠花(N)随着干旱胁迫株高整

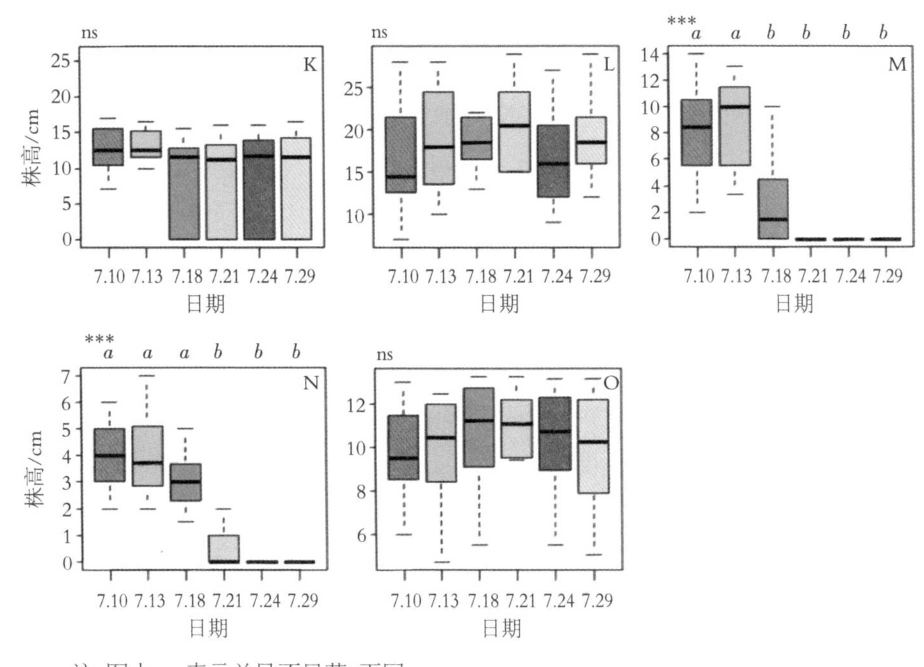

注:图中 ns 表示差异不显著,下同。

图 3-9　豆科牧草株高箱线图

体呈下降趋势，且均在试验中后期(7 月 21 日与 7 月 24 日)牧草死亡，说明这2 种豆科牧草在试验中后期对干旱胁迫响应较为强烈。

3.2.2.2 豆科牧草土壤含水量阈值确定

(1)绿叶数—土壤含水率权衡沿土壤含水率梯度的分布

利用牧草的绿叶数与土壤含水量进行权衡分析，采用分位数回归拟合均方根偏差(RMSD)沿土壤含水量梯度上的权衡过程和响应阈值，结果看出，各抗旱植物分位数回归模型与 0 权衡的交点即为土壤含水量的关键转折点，5 种豆科牧草中仅草木樨状黄芪(K)、牛枝子(L)、鹰嘴紫云英(O)分位数回归模型的截距与斜率通过了显著性检验($P<0.05$)，其余 2 种牧草分位数模型均未通过检验($P>0.05$)。草木樨状黄芪(K)、牛枝子(L)、鹰嘴紫云英(O)的干旱胁迫土壤响应阈值分别为 17%、10%、5%，即当土壤含水量低于 5%时，鹰嘴紫云英(O)权衡值为负值且沿含水量的降低权衡增大，土壤含水量的相对收益减小，维持植物的绿叶数，是以消耗土壤水分为代价的；当土壤含水量等于 5%时，权衡值为 0，说明当前水分足以维持植物正常生长(图 3-10)。根据田间最低土壤含水率(8%)与土壤干旱程度分级标准(土壤含水率 5%以下为重旱土壤)，鹰嘴紫云英(O)土壤含水量阈值符合重旱土壤要求，且符合田间实际土壤最低含水量(8%)，说明鹰嘴紫云英(O)能够在该地区重旱的土壤中维持自身绿叶的正常生长，耐受干旱胁迫，可以作为抗旱优质牧草。

(2)株高—土壤含水率权衡沿土壤含水率梯度的分布

从图 3-11 可以看出，各抗旱植物分位数回归模型与 0 权衡的交点即为土壤含水量的关键转折点，5 种豆科植物中仅草木樨状黄芪(K)、牛枝子(L)、鹰嘴紫云英(O)分位数回归模型的截距与斜率通过了显著性检验($P<0.05$)，其余 2 种牧草分位数模型均未通过检验($P>0.05$)。其中草木樨状黄芪(K)、牛枝子

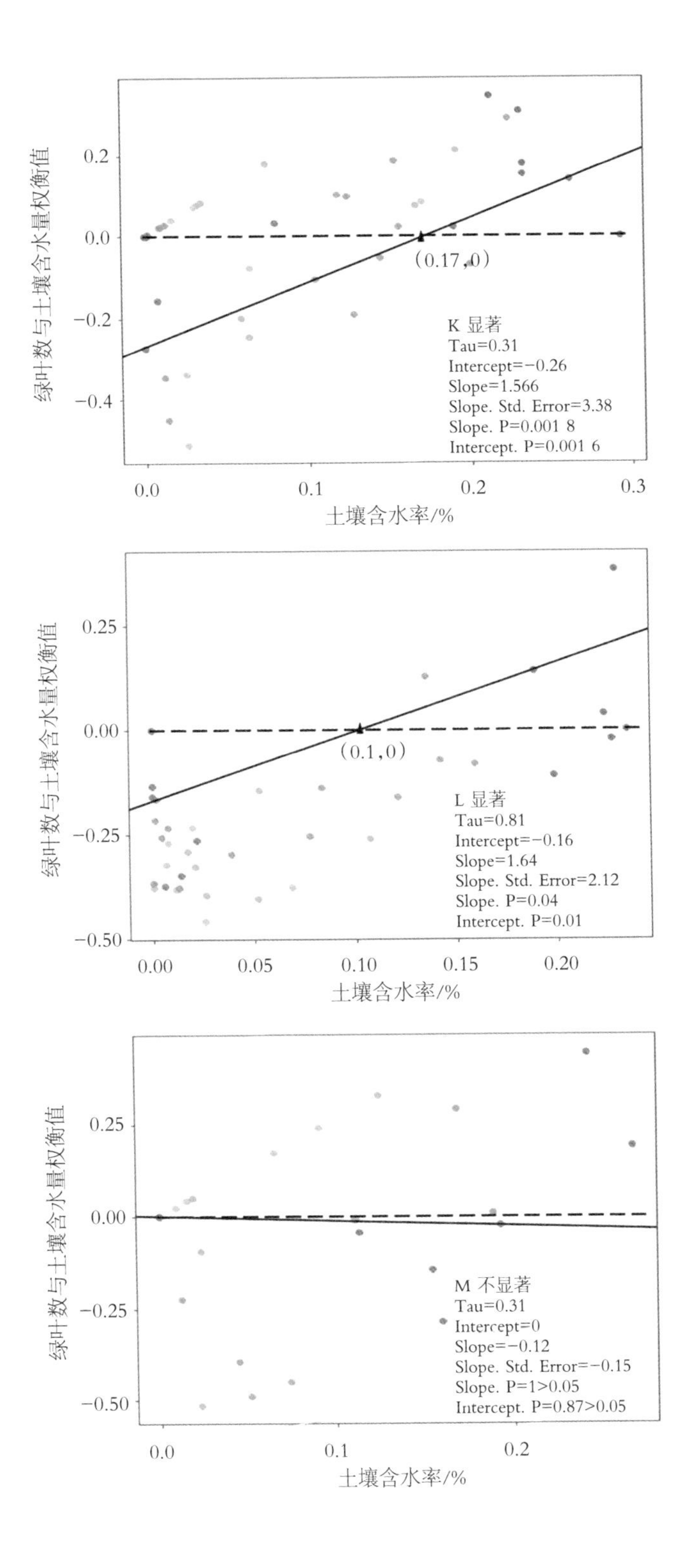
绿叶数与土壤含水量权衡值
0.2
0.0
−0.2
−0.4
(0.17,0)
K 显著
Tau=0.31
Intercept=−0.26
Slope=1.566
Slope. Std. Error=3.38
Slope. P=0.001 8
Intercept. P=0.001 6
0.0
0.1
0.2
0.3
土壤含水率/%
绿叶数与土壤含水量权衡值
0.25
0.00
−0.25
−0.50
(0.1,0)
L 显著
Tau=0.81
Intercept=−0.16
Slope=1.64
Slope. Std. Error=2.12
Slope. P=0.04
Intercept. P=0.01
0.00
0.05
0.10
0.15
0.20
土壤含水率/%
绿叶数与土壤含水量权衡值
0.25
0.00
−0.25
−0.50
M 不显著
Tau=0.31
Intercept=0
Slope=−0.12
Slope. Std. Error=−0.15
Slope. P=1>0.05
Intercept. P=0.87>0.05
0.0
0.1
0.2
土壤含水率/%

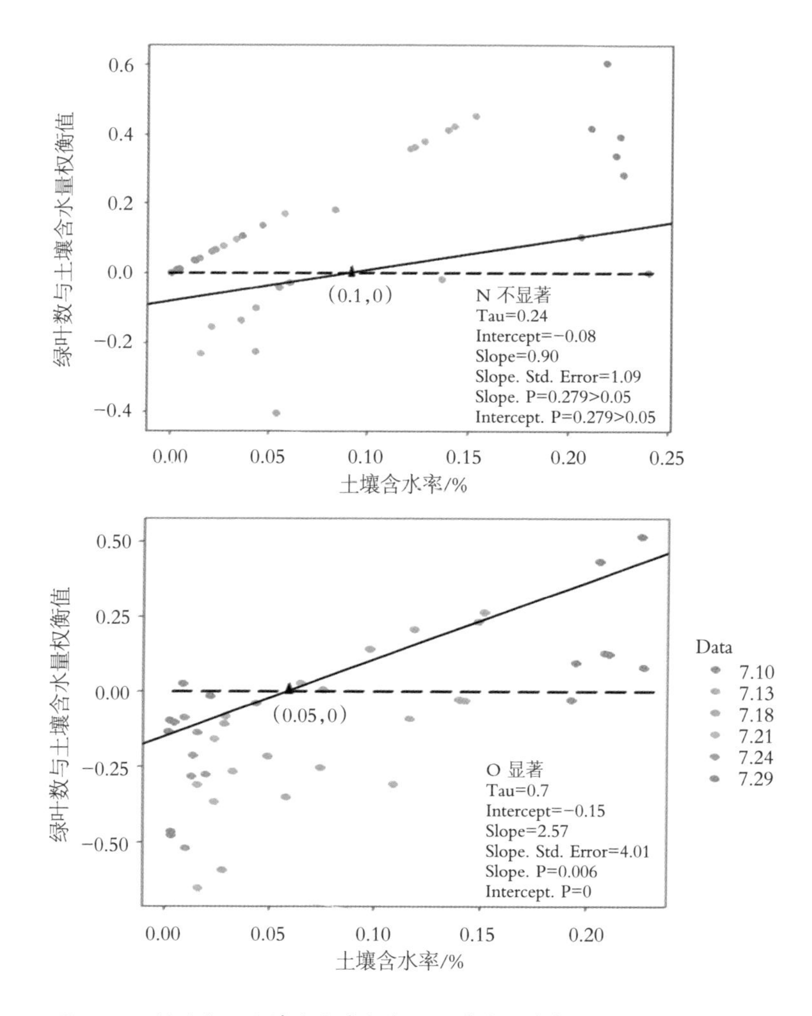

图 3-10　绿叶数—土壤含水率权衡沿土壤含水率梯度的分布图

注：Tau 为分位点、intercept 为模型截距、slope 为模型自变量 *X* 的系数、slope.Std.Error 为自变量系数标准差、slope.*P* 为自变量系数显著性检验、intercept.*P* 为模型截距显著性检验，下同。

(L)、鹰嘴紫云英(O)株高—土壤含水量阈值分别为 16%、14%、10%，根据田间最低土壤含水率(8%)与土壤干旱程度分级标准(土壤含水率 12%~15%为轻度干旱土壤)，鹰嘴紫云英(O)土壤含水量阈值符合中度干旱土壤要求(8%左右)，说明鹰嘴紫云英(O)能够在该地区中旱土壤中维持自身株高，耐受干旱

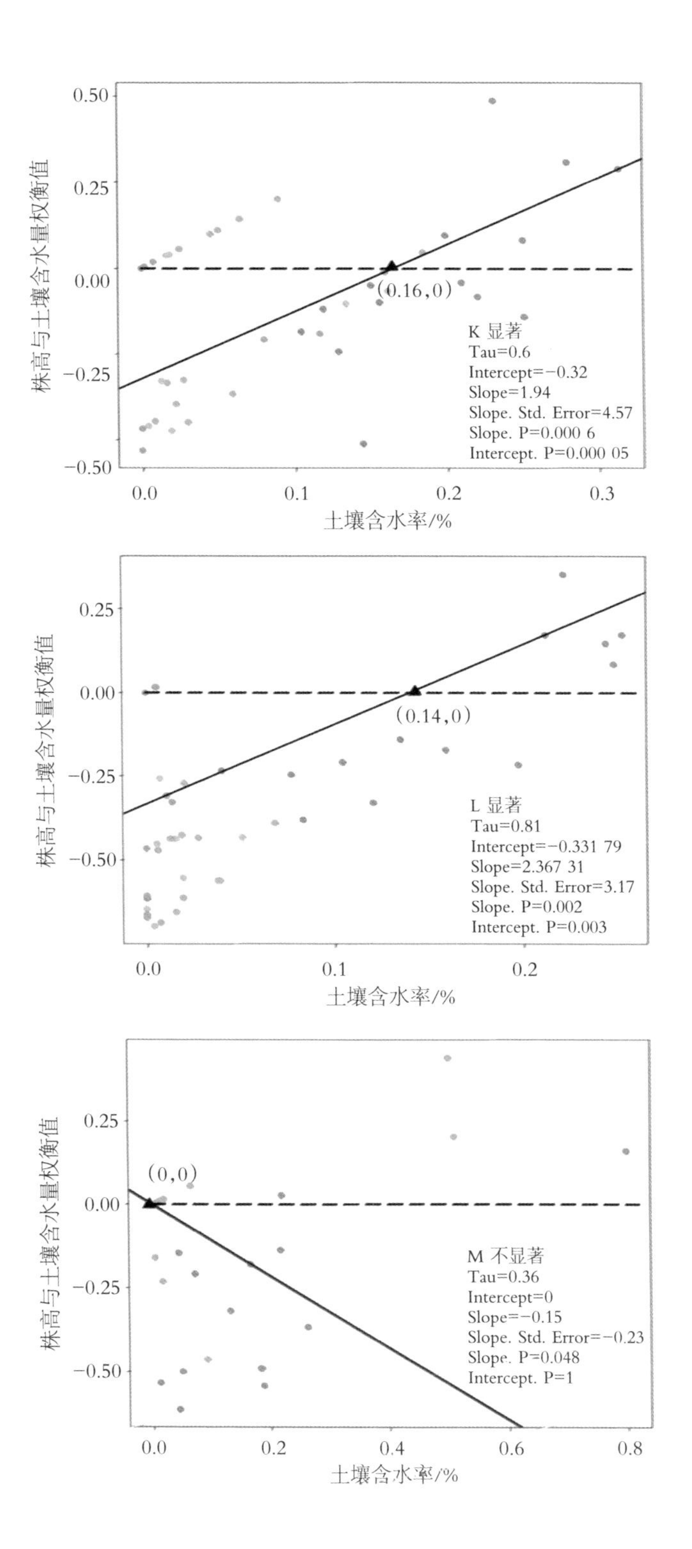

0.50
0.25
0.00
−0.25
−0.50
株高与土壤含水量权衡值
(0.16,0)
K 显著
Tau=0.6
Intercept=−0.32
Slope=1.94
Slope. Std. Error=4.57
Slope. P=0.000 6
Intercept. P=0.000 05
0.0
0.1
0.2
0.3
土壤含水率/%
0.25
0.00
−0.25
−0.50
株高与土壤含水量权衡值
(0.14,0)
L 显著
Tau=0.81
Intercept=−0.331 79
Slope=2.367 31
Slope. Std. Error=3.17
Slope. P=0.002
Intercept. P=0.003
0.0
0.1
0.2
土壤含水率/%
0.25
0.00
−0.25
−0.50
株高与土壤含水量权衡值
(0,0)
M 不显著
Tau=0.36
Intercept=0
Slope=−0.15
Slope. Std. Error=−0.23
Slope. P=0.048
Intercept. P=1
0.0
0.2
0.4
0.6
0.8
土壤含水率/%

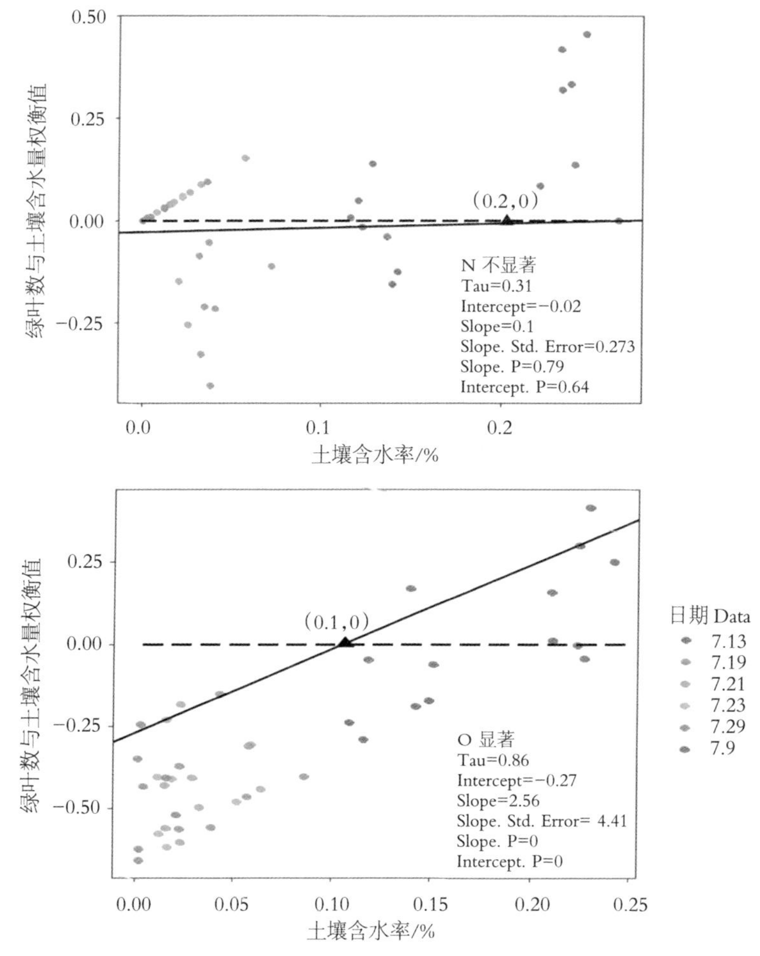

图 3-11 株高—土壤含水率权衡沿土壤含水率梯度的分布图

胁迫,可以作为抗旱优质牧草。而草木樨状黄芪(K)与牛枝子(L)土壤含水量阈值仅在轻度干旱(土壤含水率 12%~15%)范围内,说明草木樨状黄芪(K)与牛枝子(L)可以在该地区轻度干旱的环境下进行植株生长,可以作为轻度干旱区域的引种牧草。

2.2.2.3 模型检验

通过显著性检验，共有6个分位数模型，即草木樨状黄芪(K)(绿叶数—土壤含水量权衡分位数模型)、牛枝子（L)(绿叶数—土壤含水量权衡分位数模型)、鹰嘴紫云英(O)(绿叶数—土壤含水量权衡分位数模型)、草木樨状黄芪(K)(株高—土壤含水量权衡分位数模型)、牛枝子(L)(株高—土壤含水量权衡分位数模型)与鹰嘴紫云英(O)(株高—土壤含水量权衡分位数模型)，利用检验组数据对模型进行验证，检验结果见图3-12。

由图3-12可知，草木樨状黄芪(K)与牛枝子(L)的绿叶数—土壤含水量权衡分位数模型拟合系数较差(0.189 2、0.285 2)未通过模型检验；草木樨状黄芪(K)、牛枝子(L)和鹰嘴紫云英(O)的株高—土壤含水量权衡分位数模型拟合系数 R^2 分别为0.621 4、0.846 5和0.995 4，鹰嘴紫云英(O)的绿叶数—土壤含水量权衡分位数模型拟合系数 R^2=0.770 6，其精度均较高。说明分位数模型可以确定维持鹰嘴紫云英(O)生长(绿叶、株高)的土壤含水量响应阈值。

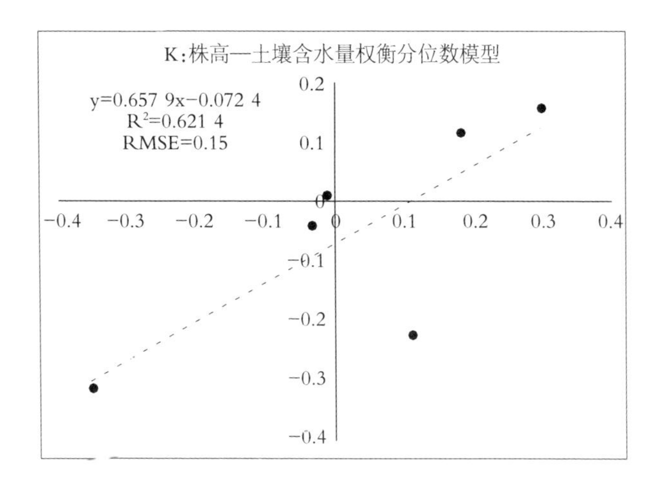

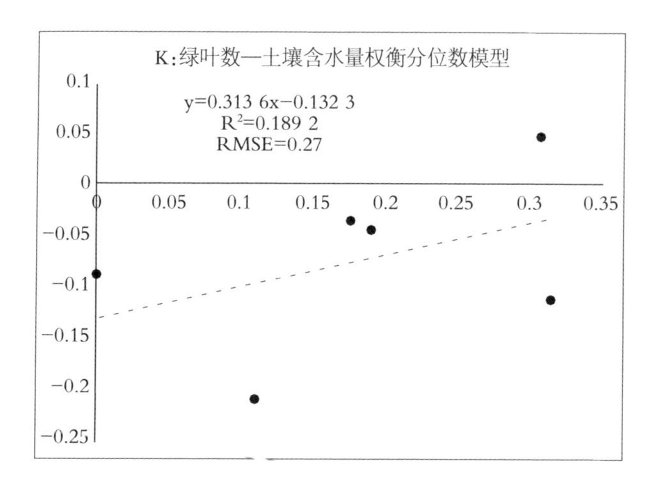
K:绿叶数—土壤含水量权衡分位数模型
y=0.313 6x−0.132 3
R2=0.189 2
RMSE=0.27
0.1
0.05
0
−0.05
−0.1
−0.15
−0.2
−0.25
0
0.05
0.1
0.15
0.2
0.25
0.3
0.35

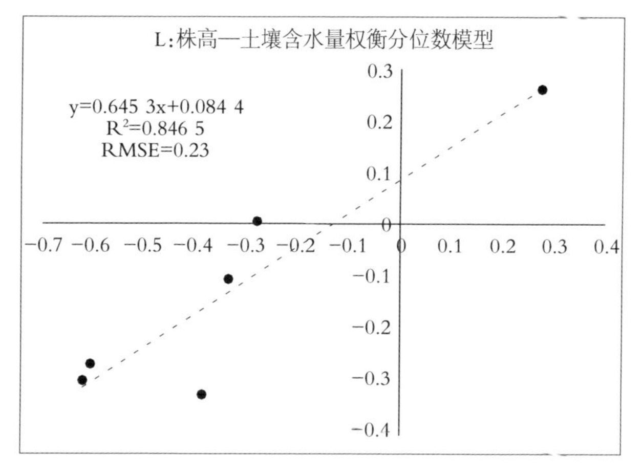
L:株高—土壤含水量权衡分位数模型
y=0.645 3x+0.084 4
R2=0.846 5
RMSE=0.23
0.3
0.2
0.1
0
−0.1
−0.2
−0.3
−0.4
−0.7
−0.6
−0.5
−0.4
−0.3
−0.2
−0.1
0
0.1
0.2
0.3
0.4

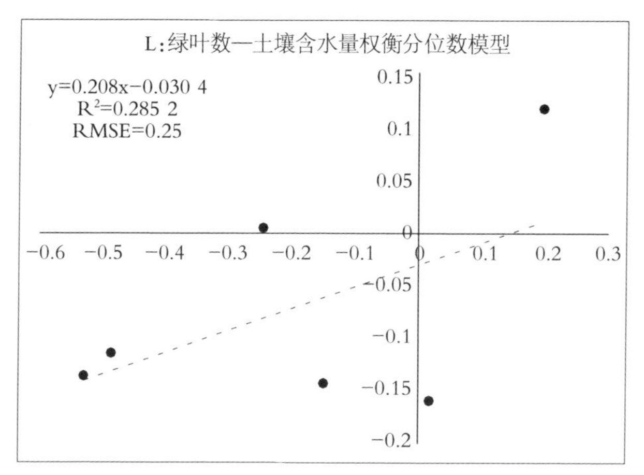
L:绿叶数—土壤含水量权衡分位数模型
y=0.208x−0.030 4
R2=0.285 2
RMSE=0.25
0.15
0.1
0.05
0
−0.05
−0.1
−0.15
−0.2
−0.6
−0.5
−0.4
−0.3
−0.2
−0.1
0
0.1
0.2
0.3

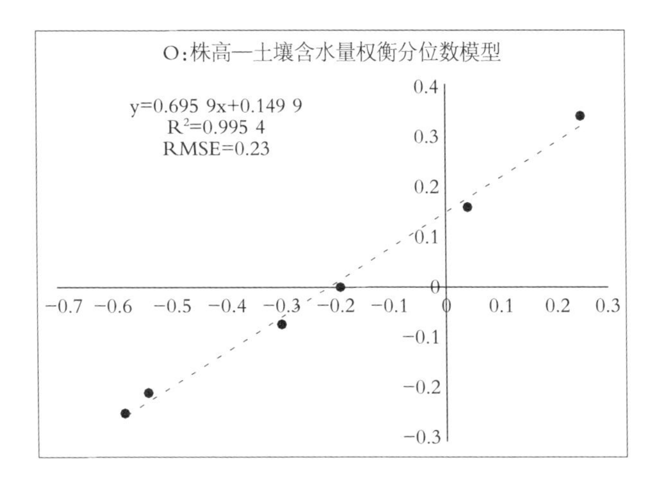

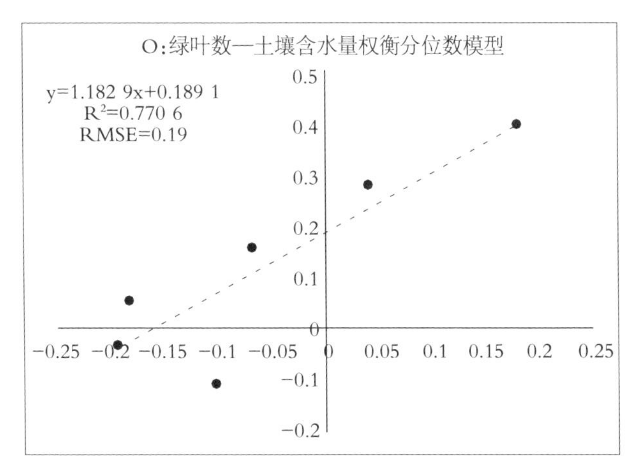

图 3-12 模型检验图

3.2.2.4 豆科牧草生理指标变化

(1)对叶片质膜系统的影响

干旱胁迫处理下,5 种豆科牧草除鹰嘴紫云英(O)外,其余 4 种豆科牧草丙二醛的 DRI 值均大于 1，但 5 种牧草丙二醛的 DRI 值差异均不显著（$P>0.05$)(图 3-13)。

(2)对叶片渗透调节物质的影响

由图3-13可以看出,干旱胁迫下,牛枝子(L)脯氨酸的DRI值最高,为14.5,与达乌里胡枝子(M)的DRI值差异不显著($P>0.05$);但显著高于草木樨状黄芪(K)、小冠花(N)和鹰嘴紫云英(O)脯氨酸的DRI值($P<0.05$),且这3种豆科牧草脯氨酸的DRI值差异不显著($P>0.05$)。

干旱处理下,5种豆科牧草可溶性糖的DRI值存在差异(图3-13)。其中,草木樨状黄芪(K)、牛枝子(L)和达乌里胡枝子(M)可溶性糖的DRI值大于1,小冠花(N)和鹰嘴紫云英(O)可溶性糖的DRI值小于1。牛枝子(L)可溶性糖的DRI值最高,为2.61,显著高于其他4种豆科牧草($P<0.05$),鹰嘴紫云英(O)可溶性糖的DRI值最低,为0.69,显著小于草木樨状黄芪(K)、牛枝子(L)和达乌里胡枝子(M)($P<0.05$),但与小冠花(N)差异不显著($P>0.05$)。

(3)对叶片抗氧化酶的影响

由图3-13看出,小冠花(N)过氧化物酶的DRI值大于1,其他4种豆科牧草过氧化物酶的DRI值均小于1。其中,小冠花(N)过氧化物酶的DRI的值最高,为7.51,显著高于其他4种豆科牧草($P<0.05$);达乌里胡枝子(M)过氧化物酶的DRI的值最低,为0.13,显著低于小冠花(N)($P<0.05$),但与其他3种豆科牧草差异不显著($P>0.05$)。

干旱胁迫下,5种豆科牧草超氧化物歧化酶的DRI值存在较大差异(图3-13)。其中,牛枝子(L)、达乌里胡枝子(M)和小冠花(N)超氧化物歧化酶的DRI值大于1,草木樨状黄芪(K)与鹰嘴紫云英(O)超氧化物歧化酶的DRI值小于1。牛枝子(L)超氧化物歧化酶的DRI的值最高,为1.25,显著高于其他4种豆科牧草($P<0.05$);草木樨状黄芪(K)超氧化物歧化酶的DRI值最小为0.94,显著低于牛枝子(L)、达乌里胡枝子(M)和小冠花(N)($P<0.05$),但与鹰

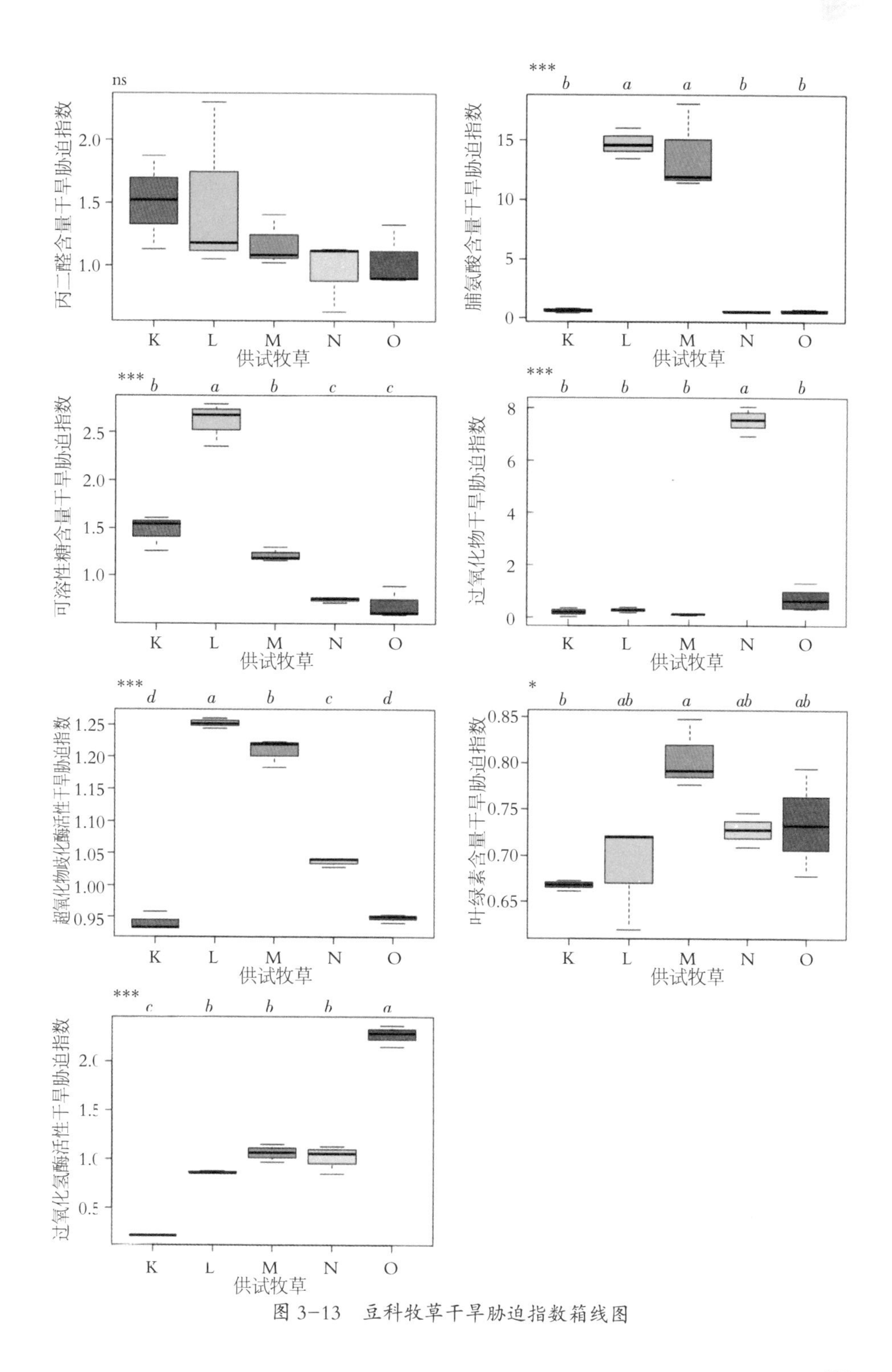

图 3-13 豆科牧草干旱胁迫指数箱线图

嘴紫云英(O)差异不显著($P>0.05$)。

由图 3-13 看出,草木樨状黄芪(K)和牛枝子(L)过氧化氢酶的 DRI 值小于 1,其他 3 种豆科牧草过氧化氢酶的 DRI 值均大于 1,且鹰嘴紫云英(O)过氧化氢酶的 DRI 的值最高,为 2.27,显著高于其他 4 种豆科牧草($P<0.05$);草木樨状黄芪(K)过氧化氢酶的 DRI 值最小,为 0.21,显著低于其他 4 种豆科牧草($P<0.05$);牛枝子(L)、达乌里胡枝子(M)和小冠花(N)过氧化氢酶的 DRI 值差异不显著($P>0.05$)。

(4)对叶片叶绿素含量的影响

干旱胁迫处理下,5 种豆科牧草叶绿素的 DRI 值均小于 1 (图 3-13)。其中,草木樨状黄芪(K)叶绿素的 DRI 值最低,为 0.66,显著低于达乌里胡枝子(M)($P<0.05$),说明该牧草受到干旱胁迫的程度最高,但与牛枝子(L)、小冠花(N)和鹰嘴紫云英(O)差异不显著($P>0.05$)。达乌里胡枝子(M)叶绿素的 DRI 值最高,为 0.79,显著高于草木樨状黄芪(K)($P<0.05$),但与其他 3 种豆科牧草差异不显著($P>0.05$)。

3.2.2.5 生理指标综合评价

选取 5 种豆科牧草的 POD、SOD、CAT、MDA、SS、Pro、Chl 共计 7 项生理指标进行综合分析,计算 5 种牧草各指标下的 DRI 隶属值与权重,并以综合评价值 D 值鉴定供试牧草抗旱性。结果表明,牧草抗旱性由小到大为:草木樨状黄芪(K)<鹰嘴紫云英(O)<小冠花(N)<达乌里胡枝子(M)<牛枝子(L),其中,抗旱性相对最强的为牛枝子(L),抗旱性相对最弱的为草木樨状黄芪(K)(表 3-3)。

表 3-3 豆科牧草综合评价 D 值

编号 Number	隶属函数值								
	POD DRI	Pro DRI	MDA DRI	SS DRI	Chl DRI	SOD DRI	CAT DRI	D 值	排序
K	0	0	0.02	0.02	0	0	0	0.04	5
L	0.01	0.54	0.11	0.06	0	0.01	0.02	0.74	1
M	0	0.5	0.01	0.01	0	0.01	0.02	0.56	2
N	0.23	0	0	0	0	0	0.02	0.26	3
O	0.01	0	0	0	0	0	0.05	0.07	4

3.3 结论与讨论

3.3.1 讨论

(1)绿叶数和株高对干旱胁迫的响应

植物在水分胁迫下,体内细胞在结构、生理及生物化学上发生一系列适应性改变后,最终要在植株形态上有所表现,绿叶数与株高变化是植物对于干旱胁迫最为明显的响应。本研究中禾本科和豆科牧草随干旱胁迫加剧,绿叶数与株高均呈下降的趋势,说明干旱胁迫程度越高,牧草的农艺性状受到的负面影响就越大。尹飞等研究水分胁迫对玉米的影响,发现水分胁迫减少了单株玉米叶面积,降低了玉米的株高和茎粗;吴佳宝等研究干旱对花生(Arachis hypogaea)的影响,结果表明,干旱胁迫导致不同品种花生叶片的萎蔫程度差异较大,并且抑制了所有品种花生的株高、叶片长。与本研究试验结果一致。

试验中不同牧草对于干旱胁迫的表现不同,禾本科牧草中沙生冰草(C)、老芒麦(G)和长穗偃麦草(J)在干旱胁迫中期(7 月 21 日)绿叶数为 0,沙生冰草(C)、扁穗冰草(D)、格林针茅(H)、披碱草(I)和长穗偃麦草(J)在干旱胁迫中期(7 月 21 日)株高为 0;豆科牧草中达乌里胡枝子(M)和鹰嘴紫云英(O)在干旱胁迫中期(7 月 21 日)绿叶数为 0,小冠花(N)和达乌里胡枝子(M)在干旱胁迫中期(7 月 21 日)株高为 0。说明这几种禾本科牧草和豆科牧草在干旱胁迫试验中期即死亡,耐受干旱胁迫的能力相对较弱;而在干旱胁迫试验整个阶段,蒙古冰草(内蒙)(B)、草木樨状黄芪(K)、牛枝子(L)和鹰嘴紫云英(O)株高差异均不显著($P>0.05$),说明这几种牧草农艺性状并未受到很大影响,可能原因为不同牧草的基因型与抗旱机制不同,其耐受程度和范围也有差异。

试验中还发现禾本科牧草中宁夏蒙古冰草(A)和格兰马草(F)在干旱胁迫中期(7 月 21 日和 7 月 18 日),出现了绿叶数增长的情况,可能原因为轻度干旱胁迫下植物通过自身调节营养分配达到适应不良环境，促进幼苗生长的目的,抗旱能力强的植株,适度的干旱可以促进抗旱牧草的生长发育并提高牧草质量。欧阳建勇等研究干旱胁迫对苦荞(*Fagopyrum tataricum*)农艺性状影响,发现适度的干旱胁迫有助于苦荞叶片的生长发育；易津等研究赖草属牧草对干旱的响应,结果表明,牧草株高可作为抗旱性强弱的指标,存活率越大的牧草,幼苗株高相对也越高,抗旱性也越强。与本文的研究结果一致。

(2)土壤水分阈值确定

土壤水分和绿叶数与株高在土壤含水量梯度上存在协同和权衡关系。牧草抗旱性状表现不仅与水分利用密切相关,还与自身生理抗旱机制紧密相关,而这些功能又与土壤水分存在明显的相关关系。本文研究发现,4.9%、5.6%分别是禾本科牧草细茎冰草(E)和格兰马草(F)维持自身株高生长的土壤含水量阈值,9.1%与 9.7%分别是细茎冰草(E)与格兰马草(F)维持自身绿叶正常生长的土壤含水量响应阈值;5%和 10%是豆科牧草鹰嘴紫云英(O)维持植物绿叶数和株高正常生长的土壤含水量的转折点,在转折点以上水分区间,绿叶数、株高与土壤水分的关系基本在零权衡以上，即株高与绿叶数与土壤水分条件是相适宜的，当前土壤水分条件能够承载牧草生长发育。通过权衡分析界定维持植物农艺性状的土壤水分的区域，可为区域植被恢复与草地补播改良草种选择提供科学方法和理论依据。

(3)生理指标综合评价

植物抗旱能力强弱不仅表现在植物农艺性状上，植物生理机制变化也是评价植物抗旱性的具体体现。超氧化物歧化酶(SOD)是植物过氧化胁迫防御体系中的第一道防线，主要参与清除 O_2^-，产生 H_2O_2，提高植物组织的抗氧化能力，过氧化氢酶(CAT)和过氧化物酶(POD)协同作用清除细胞内过多的过氧化氢，使其保持在一个较低的水平，从而保护细胞膜的结构。本研究通过测定 15 种牧草抗氧化酶活性，结果表明，不同牧草抗氧化防御能力与机制不同，可能原因为在干旱胁迫下不同牧草酶的协同作用，在过氧化氢酶(CAT)活性下降的情况下，保持相对较高的过氧化物酶(POD)活性，有利于 H_2O_2 清除，可减少过氧化伤害。Fu 和 Huang 研究轻度胁迫下草地早熟禾生理指标变化，发现在长期的轻度干旱胁迫下，引起了早熟禾超氧化物歧化酶(SOD)、过氧化物酶(POD)和过氧化氢酶(CAT)活性下降。Dacosta 和 Huang 也发现干旱胁迫导致翦股颖属草坪草超氧化物歧化酶(SOD)和过氧化氢酶(CAT)活性下降。与本研究结果一致。草木樨状黄芪 (K)3 种抗氧化酶酶活性存在整体下降的趋势，可能原因为草木樨状黄芪(K)随着胁迫时间延长，重度干旱胁迫积累了较多的超氧自由基与有害物质，体内氧化胁迫防御系统遭到了破坏，植物细胞抗氧化能力逐渐减弱，酶活性降低，对干旱的适应能力也明显下降。说明植物受胁迫程度存在阈值，超过阈值幼苗保护酶活性就会下降，随之幼苗生长就会受到损害。

丙二醛(MDA)的变化能直接反映膜系统受损程度，抗性越强的种质，其丙二醛(MDA)的上升幅度越小。因此，评价牧草抗旱性时将丙二醛(MDA)作为负向指标,本研究中除细茎冰草(E)外各牧草较对照组丙二醛(MDA)均有不同程度的上升,其中,宁夏蒙古冰草(A)的丙二醛上升幅度最小。

脯氨酸(Pro)和可溶性糖(SS)的积累只是植物在严重缺水时的一种损伤表现,植物通过增加可溶性糖(SS)含量与脯氨酸(Pro)来维持细胞内外膨压的稳定与对逆境的忍耐力和抵抗力,达到保护细胞内酶的作用,抗旱性强的植物增加相对较快并且含量较高,因此植物体内可溶性糖的含量可以作为抗旱机制研究的指标。因此本研究中将脯氨酸(Pro)和可溶性糖(SS)作为正向评价指标。研究中15种多年生牧草脯氨酸(Pro)和可溶性糖含量(SS)变化趋势不一致,说明在不同程度的干旱胁迫下,各牧草的抗旱能力存在差异。

叶绿素(Chl)是植物进行光合作用必须的催化剂。在外界环境干扰胁迫下,植物生长受到抑制,植物体内的叶绿素酶活性增强,促使叶绿素分解加速,使叶绿素含量下降。本研究中15种多年生牧草叶绿素含量变化在整个试验期表现不一,进一步说明不同牧草对干旱胁迫的耐受程度不同。

植物的抗旱性是受多种因素影响的复杂数量性状,尤其对植物苗期来说,其本身也是一个受多种因素影响的复杂的生理生化过程。本研究采用过氧化物酶(POD)、过氧化氢酶(CAT)、超氧化物歧化酶(SOD)、丙二醛(MDA)、可溶性糖(SS)、脯氨酸(Pro)和叶绿素(Chl)7项指标,结合隶属函数法对15种牧草苗期的抗旱性进行综合评价发现,7项指标的隶属函数值排序均不相同,这进一步说明了牧草苗期生长是受多因素影响的结果,因此,进行抗旱性评价时应采取多指标进行综合评价,才能消除个别指标带来的片面性,也使研究结果更具有可靠性。

3.3.2 结论

15种多年生牧草绿叶数基本呈现随干旱胁迫时间的延长而下降趋势,株高随干旱胁迫时间的延长而表现不一。通过分位数回归模型，确定维持绿叶数和株高正常的土壤水分阈值，细茎冰草（E）、格兰马草（F）、草木樨状黄芪（K）、牛枝子（L）和鹰嘴紫云英（O），5 种牧草绿叶数与土壤水分权衡的分位数回归模型的截距与斜率通过了显著性检验（*P*<0.05），其维持绿叶数正常的土壤水分阈值分别为：9.1%、9.7%、17%、10%和 5%；宁夏蒙古冰草（A）、蒙古冰草（内蒙）（B）、细茎冰草（E）、格兰马草（F）、草木樨状黄芪（K）、牛枝子（L）和鹰嘴紫云英（O）7 种牧草株高与土壤水分权衡的分位数回归模型的截距与斜率通过了显著性检验（*P*<0.05），其维持株高正常生长的土壤水分阈值分别为：13.0%、13.8%、4.9%、5.6%、16%、14%和 10%。

以丙二醛（MDA）、超氧化物歧化酶（SOD）、过氧化氢酶（CAT）、过氧化物酶（POD）、脯氨酸（Pro）和可溶性糖含量（SS）和叶绿素（Chl）7 项指标，计算各指标下的 DRI 隶属函数值与权重，综合评价 15 种多年生牧草的抗旱性。结果表明，禾本科牧草苗期抗旱性强弱表现为：格林针茅（H）<披碱草（I）<长穗偃麦草（J）<老芒麦（G）<扁穗冰草（D）<沙生冰草（C）<蒙古冰草（内蒙）（B）<格兰马草（F）<细茎冰草（E）<宁夏蒙古冰草（A）。豆科牧草苗期抗旱性强弱表现为：草木樨状黄芪（K）<鹰嘴紫云英（O）<小冠花（N）<达乌里胡枝子（M）<牛枝子（L）。

4 田间种植抗旱性研究

4.1 试验设计与方法

4.1.1 试验设计及布设

试验采用随机区组设计，小区面积 20 m^2(4 m×5 m)，各小区四周设 1 m 保护行，每种牧草设3 次重复。

4.1.2 试验地概况

通过调查及取样测试掌握试验研究区基本情况和土壤养分情况，主要包括：土壤类型、土壤 pH 值、土壤养分（有机质、速效氮、速效磷、速效钾）、土壤盐分等情况，具体数据见表 4-1。

4.1.3 田间种植及指标监测

4.1.3.1 种植

在种植前对试验地进行机械翻耕、耙地、整地。于 5 月中下旬进行播种，手工开沟条播，行距 30~50 cm，播种深度依据草种颗粒大小而定，大粒种子播深 1~2 cm，小粒种子不深于 1 cm。播后镇压。每个区组中草种采取完全区组顺序排列方式，小区面积 20 m^2，平行设置 3 个重复。

表 4-1 试验牧草种及播量表

序号	品种名	播种方法	株行距（cm）	播量（kg/亩）	播深（cm）
1	宁夏蒙古冰草	条播	30	1.5	2
2	蒙古冰草(内蒙)	条播	30	1.5	2
3	沙生冰草	条播	30	1.5	2
4	扁穗冰草	条播	30	1.5	2
5	细茎冰草	条播	30	1.5	2
6	格兰马草	条播	30	1.5	2
7	老芒麦	条播	30	1.5	2
8	格林针茅	条播	30	1.5	2
9	披碱草	条播	30	1.5	2
10	长穗偃麦草	条播	30	1.5	2
11	草木樨状黄芪	条播	50	2.0	2
12	牛枝子	条播	40	2.0	2
13	达乌里胡枝子	条播	40	2.0	2
14	小冠花	条播	30	1.5	2
15	鹰嘴紫云英	条播	30	1.5	2

4.1.3.2 田间管理

主要包括:查苗、补苗、间苗、定苗、中耕、除草、灌溉、防治病虫害等。

4.1.3.3 形态指标观测

禾本科牧草田间观测指标:

(1)出苗(返青)期:50%幼苗出土后为出苗期(50%植株返青为返青期);

(2)分蘖期:50%幼苗在茎的基部茎节上生长侧芽 1 cm 以上为分蘖期;

(3)拔节期:50%植株的第一个节露出地面 1~2 cm 为拔节期;

(4)孕穗期:50%植株出现剑叶为孕穗期;

(5)抽穗期:50%植株的穗顶由上部叶鞘伸出而显露于外时为抽穗期;

(6)开花期:50%植株开花为开花期;

(7)成熟期:80%以上的种子成熟,分为3个时期——乳熟期,50%以植株的籽粒内充满乳汁,并接近正常大小;蜡熟期,50%以上籽粒接近正常;内呈蜡状。完熟期,80%以上的种子完全成熟;

(8)生育天数:由出苗(返青)至种子成熟的天数;

(9)枯黄期:50%植株枯黄为枯黄期;

(10)生长天数:由出苗(返青)至枯黄期的天数;

(11)越冬率:在同一区组的小区中随机选择有代表性的样段3处,每段长1 m,在越冬前后分别计数样段中植株数量,越冬率=越冬后样段内植株数/越冬前样段内植株数;

(12)抗逆性和抗病性:根据小区内发生的寒、热、旱、涝、盐、碱、酸害和病虫害等具体情况加以记载;

(13)株高:从地面至植株的最高部位(芒除外)的绝对高度(拉直测量)为株高。在每次刈割前、抽穗期和完熟期,在每个小区随机选测10株样株的株高,计算平均株高。

豆科牧草田间观测指标:

(1)出苗(返青)期:50%幼苗出土后为出苗期(50%植株返青为返青期);

(2)分枝期:50%植株长出侧枝为分枝期;

(3)现蕾期:50%植株有花蕾出现为现蕾期;

(4)开花期:20%植株开花为开花初期,80%植株开花为盛花期;

(5)结荚期:50%植株有荚果出现为结荚期;

(6)成熟期:60%植株种子成熟为成熟期;

(7)生育天数:由出苗(返青)至种子成熟的天数;

(8)枯黄期:50%植株枯黄时为枯黄期;

(9)生长天数:由出苗(返青)至枯黄期的天数;

(10)越冬率:在同一区组的小区中随机选择有代表性的样段3处,每段长1 m。在越冬前后分别计数样段中植株数量,越冬率=越冬后样段内植株数/越冬前样段内植株数;

(11)抗逆性和抗病虫性:根据小区内发生的寒、热、旱、涝、盐、碱、酸害和病虫害等具体情况加以记载;

(12)株高:从地面至株高的最高部位(卷须除外)的绝对高度为株高。在每次刈割前、现蕾期、初花期和成熟期,在每小区随机选测10株样株的株高,计算平均株高。

4.1.3.4 产草量的测定

产草量包括第一次刈割的产量和再生草产量。产草量的测定禾本科一般于分蘖盛期或抽穗期,豆科一般于开花初期进行。最后一次测定应在植物停止生长前的15~30天内进行。

产草量包括鲜重和干重,干重指样品风干或烘干后的重量,可测定干物质含量。

测产时应除去试验小区两侧边行及小区两头50 cm之内的植株。

4.1.3.5 茎叶比的测定

茎叶比测定于第一次刈割或抽穗期、开花期进行。将从每个重复中随机取得的适量草样混合均匀,取约1 kg混合草样,将茎和叶(含花序)按两部分分开,待风(烘)干后称重量,求百分比。

注意:禾本科牧草的叶鞘部分归于茎,穗部归于叶;豆科牧草的叶应包括叶片、叶柄及托叶三部分。

4.1.3.6 种子产量

种子产量:在种子成熟期,小区内随机选取 1 m^2 的样地,刈割牧草并晒干,清取牧草种子,称重,求取均值。

4.1.3.7 牧草营养成分的测定

在测定产草量的同时,取 500 g 样品烘干后,测定植株粗蛋白、粗灰分、粗纤维、中性洗涤纤维和酸性洗涤纤维等指标。

4.1.3.8 土壤水分的测定

在每个品种试验小区内,设定 100 cm 深土壤水分管,采用 TDR 每月定期进行土壤体积含水量的监测,分层进行测定,分别为 0~10 cm、10~20 cm、20~40 cm、40~60 cm、60~80 cm 和 80~100 cm。

4.1.3.9 光合作用日变化的测定

光响应曲线的测定:

试验于 8 月选择晴天 9:00~11:00,采用美国生产的 Li-6400 便携式光合作用系统的自动光曲线程序来测定。所用光源为 Li-6400 配置的红蓝光 LED 光源,控制样本室内气流速率为 500 $\mu mol \cdot s^{-1}$,参比室 CO_2 浓度为 400 $\mu mol \cdot mol^{-1}$,控制温度为起始时的外界环境温度。在控制条件下,设定光合有效辐射(PAR)梯度依次为:2000、1500、1000、800、600、400、200、100、80、50、30、10、0 $\mu mol \cdot m^{-2} \cdot s^{-1}$,测定在不同光合有效辐射下的净光合速率(Pn),绘制不同牧草的光响应曲线。利用光合助手软件，根据光响应曲线计算出光饱和点（LSP）、光补偿点（LCP）、暗呼吸速率（Rd）、最大净光合速率（Amax）以及表观量子效率（AQY）等参数。

日变化的测定：

于 8 月份晴朗无风的天气情况下，采用美国生产的 Li-6400 便携式光合作用系统对不同牧草光合日变化进行测定。测定时，每种随机选取 1 株生长健康的植株为研究对象。选取该植物向阳面相同叶位上的叶片作为测定对象，从 7:00 到 19:00，每隔 2 小时测定一次，每个样株测定 3 个重复，每个重复测定 5 个观测值，取其平均值作为该种该时刻的测定值。Li-6400 便携式光合作用系统除了记录叶片瞬时净光合速率值（Pn）外，还同时记录蒸腾速率（Tr）、气孔导度（Cond）、胞间 CO_2 浓度（Ci）、叶面水汽压差（Vpdl）、大气 CO_2 浓度（Ca）、光合有效辐射（PAR）、空气气温（Ta）、叶片温度（Tl）、相对湿度（RH）等参数。

4.1.3.10 叶片相对含水量与相对保水力的测定

叶片相对含水量：采用饱和称重法。在田间干旱胁迫下，随机选取大小一致的功能叶片，快速装入可塑封的塑料袋中，迅速带回室内称取鲜重，然后将叶片立即浸入水中 4 小时取出，用吸水纸吸干叶片表面的水分，称取饱和重，然后在 105℃下烘 15 min，再在 65℃下烘干至恒重，称取干重，3 次重复。

叶片相对含水量(%)=(叶片鲜重−叶片干重)/(叶片鲜重−叶片干重)×100%

叶片相对保水力：在田间干旱胁迫下，随机选取大小一致的功能叶片，快速装入可塑封的塑料袋中，迅速带回室内称取鲜重。然后将样品混合均匀，平铺置于 20℃恒温箱内干燥（箱内 pH 值 20%），不同干燥时间分别定时称重，干燥时间共设置 0 小时、3 小时、6 小时、9 小时和 24 小时共 5 组处理，再在 80℃

下烘干至恒重，称取干重，计算不同时间的叶片相对保水率，3次重复。

叶片相对保水力=(叶片鲜重－定时称重)/叶片干重×100%

4.1.4 评价方法

模糊数学隶属函数法：

(1)正隶属函数：$X_{ij1}=(x_{ij}-x_{jmin})/(x_{jmax}-x_{jmin})$

(2)反隶属函数：$X_{ij2}=(x_{jmax}-x_{ij})/(x_{jmax}-x_{jmin})$

(3)标准差系数：$v_j=\sqrt{\dfrac{\sum_{i=1}^{n}(x_{ij}-\overline{x}_j)^2}{\overline{x}_j}}$

(4)权重：$w_j=\dfrac{v_j}{\sum_{j=1}^{m}v_j}$

(5)综合评价值：$D=\sum_{j=1}^{n}x_{ij1}w_j$

上述公式中 X_{ij} 为第 i 种植物的第 j 个指标的测定值；X_{jmin} 与 X_{jmax} 分别表示所有植物中第 j 个指标测定值的最小值与最大值；当测定指标为负向指标时，应采用反隶属函数。

植物抗旱性评价：

抗旱级别根据各植物综合评价值D值大小进行抗旱性评价。

4.2 结果分析

4.2.1 土壤水分差异

从图4-1土壤体积含水量的月变化看出，禾本牧草从4月至6月，土壤体积含水量急剧下降，在 7 月至 10 月基本趋于平稳，变化幅度不大，豆科牧草土壤体积含水量随着时间推移基本呈现逐步下降趋势，分析禾本科牧草土壤水分变化趋势，可能是由于 3 月份牧草返青后，生长消耗大量水分，天然降雨补充不足，而 7 月至 9 月自然降雨增多造成。

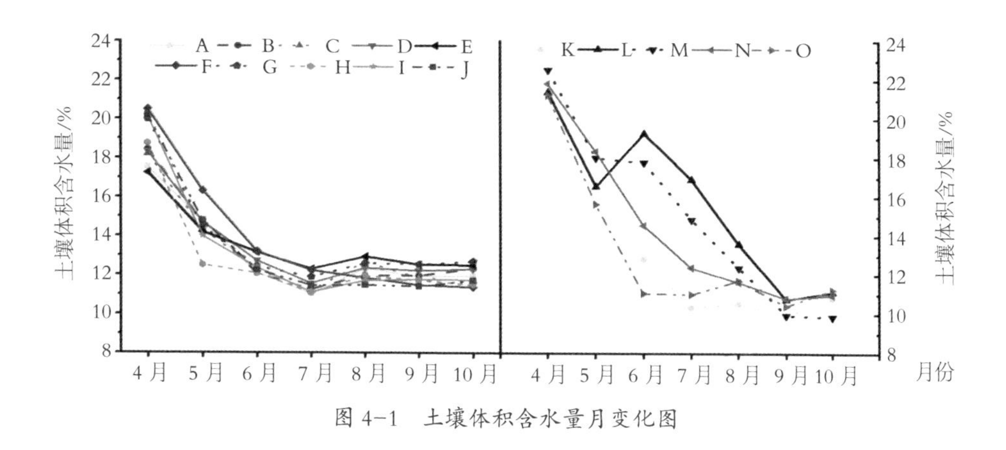

图 4-1　土壤体积含水量月变化图

从图 4-2 土壤体积含水量的垂直变化可以看出，禾本科牧草土壤体积含水量基本上呈现先增大后减小的趋势，浅层 0~20 cm 土壤含水量小于其他土层的含水量，这与禾本科牧草根系分布的土层有关；豆科牧草的土壤体积含水量基本上呈现先增大再减小再增大的趋势，0~20 cm 土层也是土壤含水量最

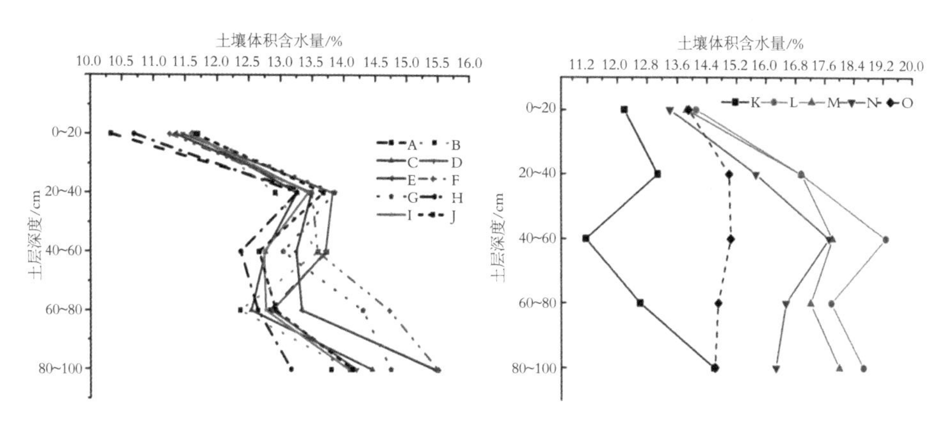

图 4-2　土壤体积含水量垂直变化图

低的土层(图4-2)。

4.2.2 形态指标差异

从图 4-3可看出,引选的 15 种牧草株高表现不一。禾本科牧草株高基本表现为:格兰马草(F)<细茎冰草(E)<老芒麦(G)<披碱草(I)<格林针茅(H)<沙生冰草(C)<扁穗冰草(D)<宁夏蒙古冰草(A)<蒙古冰草(内蒙)(B)<长穗偃麦草(J)。其中:禾本科牧草长穗偃麦草(J)株高平均值最高,为 105.2 cm,显著高于细茎冰草(E)、格兰马草(F)、老芒麦(G)和披碱草(I)($P<0.05$),但与其他 5 种禾本科牧草差异不显著($P>0.05$)。豆科牧草株高表现为:小冠花(N)<牛枝子(L)<达乌里胡枝子(M)<鹰嘴紫云英(O)<草木樨状黄芪(K)。其中,平均株高最高的为草木樨状黄芪(K),最低的为小冠花(N),但 5 种豆科牧草株高差异不显著($P>0.05$)。

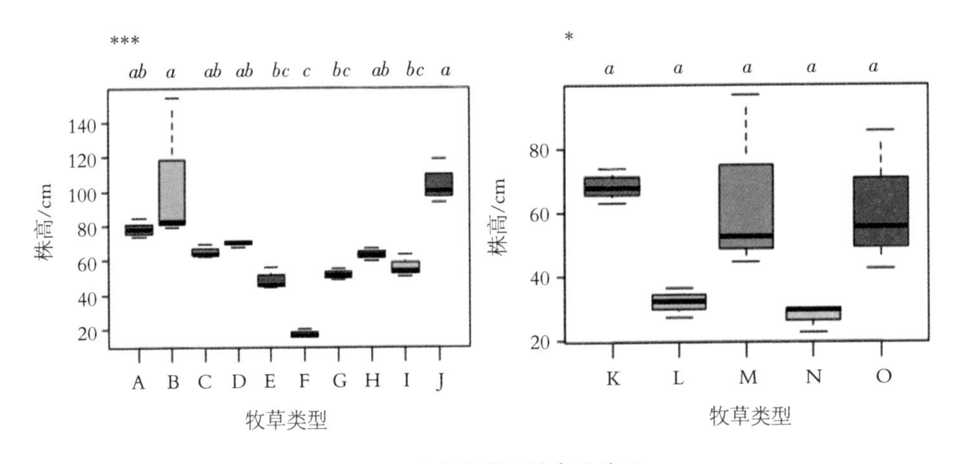

图 4-3 引选牧草的株高差异图

从图 4-4 可看出,各牧草茎叶比也表现不一。禾本科牧草茎叶比值由小到大表现为:披碱草(I)<长穗偃麦草(J)<扁穗冰草(D)<格林针茅(H)<蒙古冰草(内蒙)(B)<格兰马草(F)<细茎冰草(E)<沙生冰草(C)<宁夏蒙古冰草(A)

<老芒麦(G)。其中:除老芒麦(G)外,其余牧草的茎叶比值均小于1,老芒麦(G)茎叶比值最高,为1.28,披碱草(I)茎叶比最低,为0.36,显著低于老芒麦(G)($P<0.05$),但与其他禾本科牧草差异不显著($P>0.05$),宁夏蒙古冰草(A)、蒙古冰草(内蒙)(B)、沙生冰草(C)、扁穗冰草(D)、细茎冰草(E)、格兰马草(F)、格林针茅(H)和长穗偃麦草(J)的茎叶比值差异不显著($P>0.05$)。

豆科牧草茎叶比值由小到大表现为:小冠花(N)<鹰嘴紫云英(O)<达乌里胡枝子(M)<牛枝子(L)<草木樨状黄芪(K)。其中,草木樨状黄芪(K)茎叶比值最高为7.75,显著高于达乌里胡枝子(M)、小冠花(N)和鹰嘴紫云英(O)($P<0.05$),但与牛枝子(L)茎叶比差异不显著($P>0.05$);小冠花(N)茎叶比值最低,为0.39,显著小于草木樨状黄芪(K)和牛枝子(L)($P<0.05$),但与达乌里胡枝子(M)和鹰嘴紫云英(O)差异不显著($P>0.05$)(图4-4)。

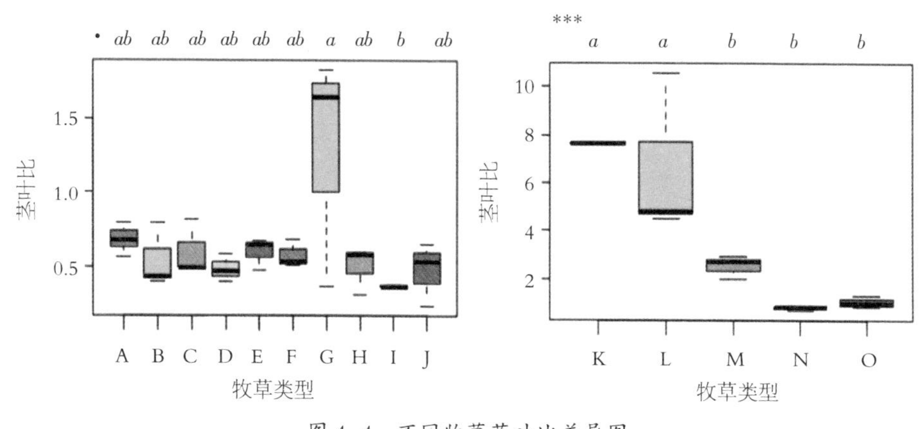

图4-4 不同牧草茎叶比差异图

4.2.3 经济指标差异

4.2.3.1 地上生物量差异

从图4-5可看出,15种牧草地上生物量存在差异。10种禾本科牧草中,长穗偃麦草(J)单位面积地上生物量值最高，为 1 654.79 g/m²，且显著高于其他禾本科牧草地上生物量(P<0.05)；蒙古冰草(内蒙)(B)地上生物量值最低，为 221.45 g/m²，显著低于长穗偃麦草(J)、细茎冰草(E)和沙生冰草(C)(P<0.05)，但与其他禾本科牧草地上生物量差异不显著(P>0.05)。禾本科牧草地上生物量值由小到大表现为：蒙古冰草(内蒙)(B)<宁夏蒙古冰草(A)<老芒麦(G)<披碱草(I)<扁穗冰草(D)<格兰马草(F)<格林针茅(H)<细茎冰草(E)<沙生冰草(C)<长穗偃麦草(J)。

5 种豆科牧草中，鹰嘴紫云英(O)地上生物量最高，单位面积地上生物量为 1 363 g/m²，且显著高于其他牧草(P<0.05)，草木樨状黄芪(K)地上生物量值最低，为 295.88 g/m²，显著低于鹰嘴紫云英(O)(P<0.05)，但与其他 3 种豆科牧草差异不显著(P>0.05)。各牧草地上生物量值由小到大表现为：草木樨状黄芪(K)<牛枝子(L)<小冠花(N)<达乌里胡枝子(M)<鹰嘴紫云英(O)。

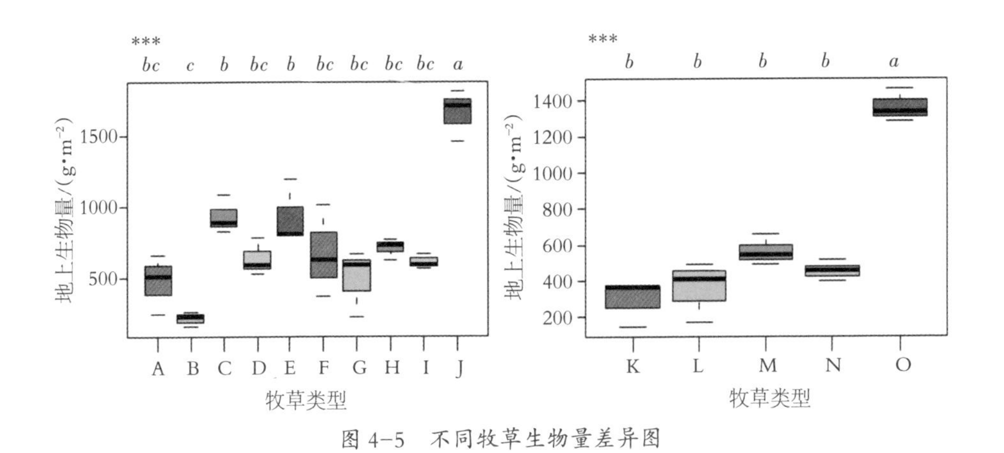

图 4-5 不同牧草生物量差异图

4.2.3.2 种子产量差异

从图 4-6 可看出，15 种草种子产量存在差异。10 种禾本科牧草中，宁夏蒙古冰草(A)单位面积种子产量值最高，为 84.27 g，显著高于扁穗冰草(D)、细茎冰草(E)、格兰马草(F)、格林针茅(H)和披碱草(I)(P<0.05),但与其余4种禾本科牧草种子产量差异不显著(P>0.05),各牧草种子产量值大小排序为:细茎冰草(E)<格兰马草(F)<格林针茅(H)<扁穗冰草(D)<披碱草(I)<长穗偃麦草(J)<老芒麦(G)<沙生冰草(C)<蒙古冰草(内蒙)(B)<宁夏蒙古冰草(A)。

5种豆科牧草中,牛枝子(L)种子产量值最高,为94.53 g/m²,且显著高于其余牧草(P<0.05),鹰嘴紫云英(O)种子产量值最低,为0.57 g/m²,且显著低于草木樨状黄芪(K)、牛枝子(L)和达乌里胡枝子(M)(P<0.05),但与小冠花(N)差异不显著(P>0.05)。各牧草种子产量值由小到大表现为:鹰嘴紫云英(O)<小冠花(N)<达乌里胡枝子(M)<草木樨状黄芪(K)<牛枝子(L)。

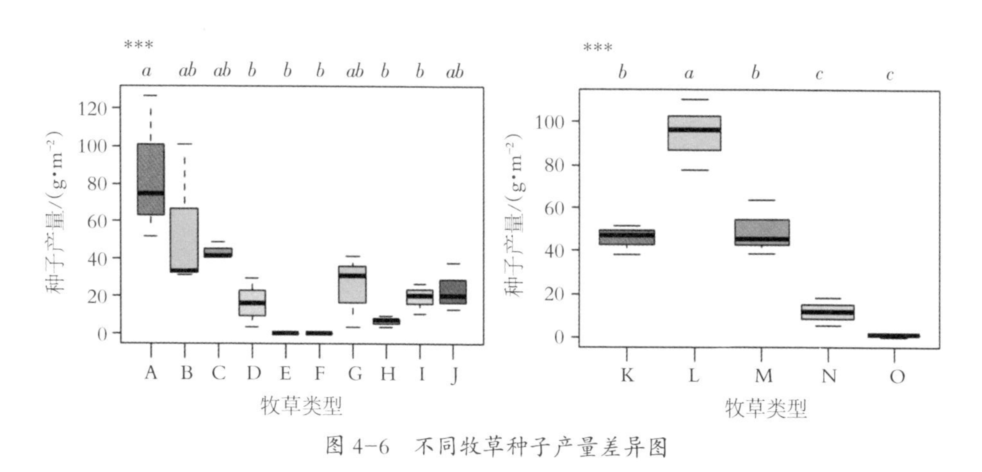

图4-6 不同牧草种子产量差异图

4.2.4 叶片含水量与保水力差异

4.2.4.1 叶片含水量差异

从图4-7可看出,15种牧草中叶片含水量差异较大。10种禾本科牧草中,宁夏蒙古冰草(A)的叶片含水量值最高,为80.32,显著高于除蒙古冰草(内蒙)

(B)、沙生冰草(C)和格兰马草(F)外的其他 6 种禾本科牧草($P<0.05$);老芒麦(G)的叶片含水量值最低,为 59.57,显著低于除扁穗冰草(D)、细茎冰草(E)和长穗偃麦草(J)之外的其他 6 种禾本科牧草($P<0.05$)。各牧草叶片含水量值由小到大表现为:老芒麦(G)<长穗偃麦草(J)<细茎冰草(E)<扁穗冰草(D)<披碱草(I)<格林针茅(H)<格兰马草(F)<沙生冰草(C)<蒙古冰草(内蒙)(B)<宁夏蒙古冰草(A)。

5 种豆科牧草中鹰嘴紫云英(O)叶片含水量最高,为 76.7,显著高于小冠花(N),但与其他 3 种豆科牧草差异不显著($P>0.05$),小冠花(N)叶片含水量值最低,为 49.53,显著低于草木樨状黄芪(K)和鹰嘴紫云英(O)($P<0.05$),与牛枝子(L)和达乌里胡枝子差异不显著($P>0.05$)。各牧草叶片含水量值由小到大表现为:小冠花(N)<达乌里胡枝子(M)<牛枝子(L)<草木樨状黄芪(K)<鹰嘴紫云英(O)。

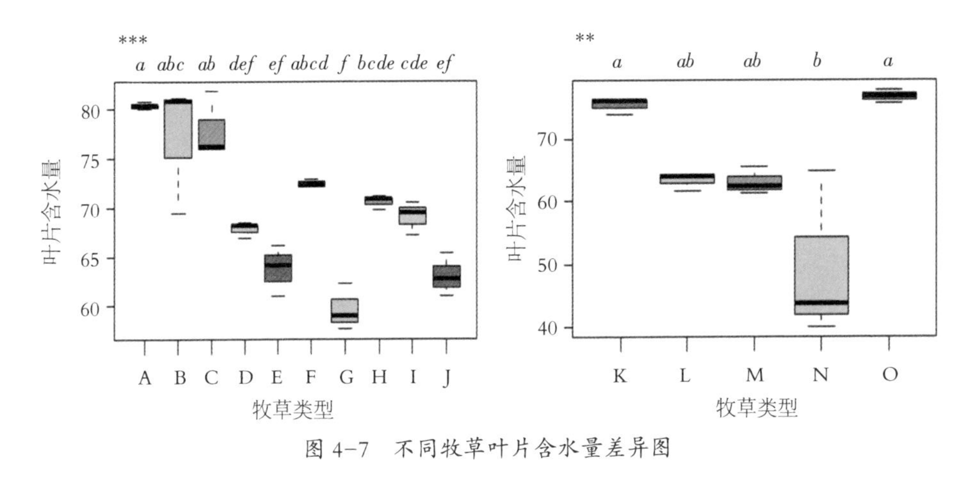

图 4-7 不同牧草叶片含水量差异图

4.2.4.2 叶片保水力差异

从图4-8 可看出,15 种牧草叶片保水力存在差异。10 种禾本科牧草中,沙生冰草(C)叶片保水力值最高,为 30.73,显著高于宁夏蒙古冰草(A)、扁穗冰草

(D)、格兰马草(F)、老芒麦(G)、格林针茅(H)和长穗偃麦草(J)($P<0.05$),与其他几种禾本科牧草叶片保水力差异不显著($P>0.05$);格林针茅(H)叶片保水力值最低,为12.69,与格兰马草(F)和长穗偃麦草(J)差异不显著($P>0.05$),但显著低于其他几种禾本科牧草($P<0.05$)。各牧草叶片保水力值由小到大为:格林针茅(H)<格兰马草(F)<长穗偃麦草(J)<宁夏蒙古冰草(A)<扁穗冰草(D)<老芒麦(G)<细茎冰草(E)<蒙古冰草(内蒙)(B)<披碱草(I)<沙生冰草(C)。

5种豆科牧草中,小冠花(N)叶片保水力值最高,为55.23,且显著高于其他4种豆科牧草($P<0.05$);达乌里胡枝子(M)叶片保水力值最低,为24.57,显著低于小冠花(N)($P<0.05$),但与其他3种豆科牧草差异不显著($P>0.05$)。各牧草叶片保水力值由小到大表现为:达乌里胡枝子(M)<牛枝子(L)<草木樨状黄芪(K)<鹰嘴紫云英(O)<小冠花(N)。

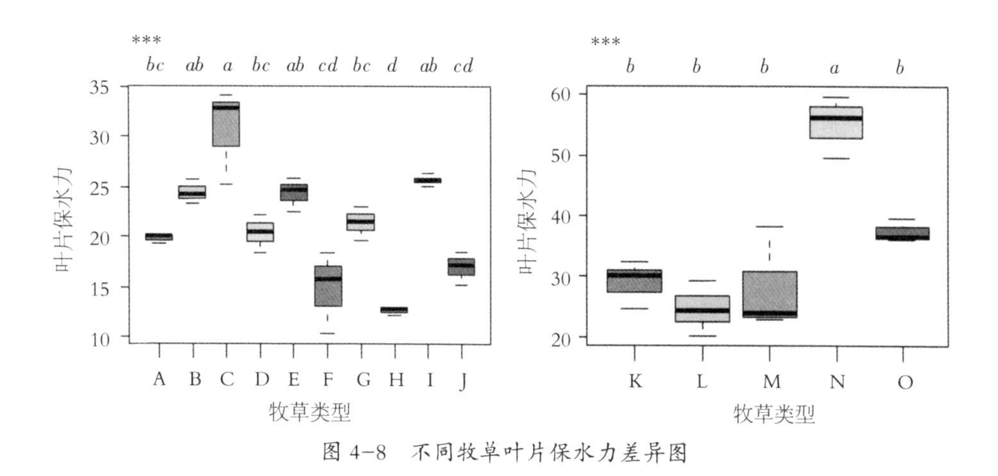

图4-8　不同牧草叶片保水力差异图

4.2.5　不同牧草光合指标差异

4.2.5.1　不同牧草叶片蒸腾速率差异

从图4-9可看出,15种牧草叶片蒸腾速率存在差异。10种禾本科牧草中,老芒麦(G)叶片蒸腾速率最高，为 0.012 5，显著高于长穗偃麦草(J)($P<0.05$)，但与其他 8 种禾本科牧草叶片蒸腾速率差异不显著($P>0.05$)；长穗偃麦草(J)叶片蒸腾速率最低，为 0.004，显著低于老芒麦(G)、格林针茅(H)和披碱草(I)($P<0.05$)，但与其他几种禾本科牧草叶片蒸腾速率差异不显著($P>0.05$)。各牧草叶片蒸腾速率由小到大为：长穗偃麦草(J)<扁穗冰草(D)<细茎冰草(E)<宁夏蒙古冰草(A)<格兰马草(F)<蒙古冰草(内蒙)(B)<沙生冰草(C)<披碱草(I)<格林针茅(H)<老芒麦(G)。

5 种豆科牧草中，小冠花(N)叶片蒸腾速率最高，为 0.003 1，显著高于达乌里胡枝子(M)与鹰嘴紫云英(O)($P<0.05$)，但与草木樨状黄芪(K)和牛枝子(L)差异不显著($P>0.05$)，鹰嘴紫云英(O)叶片蒸腾速率最低，为 0.001 3，显著低于小冠花(N)($P<0.05$)，但与其他 3 种豆科牧草差异不显著($P>0.05$)。各牧草叶片蒸腾速率由小到大为：鹰嘴紫云英(O)<达乌里胡枝子(M)<草木樨状黄芪(K)<牛枝子(L)<小冠花(N)。

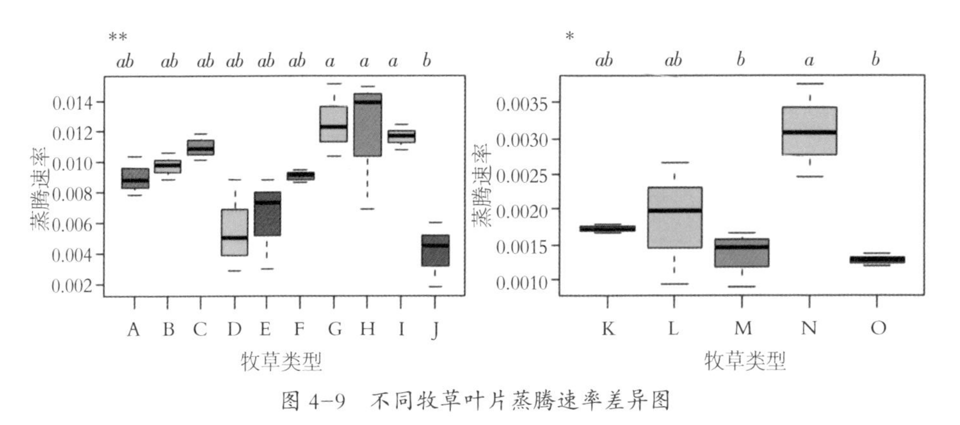

图 4-9 不同牧草叶片蒸腾速率差异图

4.2.5.2 不同牧草叶片净光合速率差异

从图 4-10 可看出，15 种牧草叶片净光合速率存在差异。10 种禾本科牧草叶片净光合速率由小到大表现为：扁穗冰草(D)<细茎冰草(E)<长穗偃麦草

(J)<格林针茅(H)<蒙古冰草(内蒙)(B)<格兰马草(F)<宁夏蒙古冰草(A)<老芒麦(G)<沙生冰草(C)<披碱草(I)。其中,披碱草(I)叶片净光合速率最高,为32.7,扁穗冰草(D)叶片净光合速率最低,为16.12,但10种禾本科牧草叶片净光合速率差异不显著($P>0.05$)。

5种豆科牧草叶片净光合速率由小到大表现为:鹰嘴紫云英(O)<牛枝子(L)<草木樨状黄芪(K)<达乌里胡枝子(M)<小冠花(N)。其中,小冠花(N)叶片净光合速率最高,为9.26,鹰嘴紫云英(O)叶片净光合速率最低为4.45,但5种豆科牧草叶片净光合速率差异不显著($P>0.05$)。

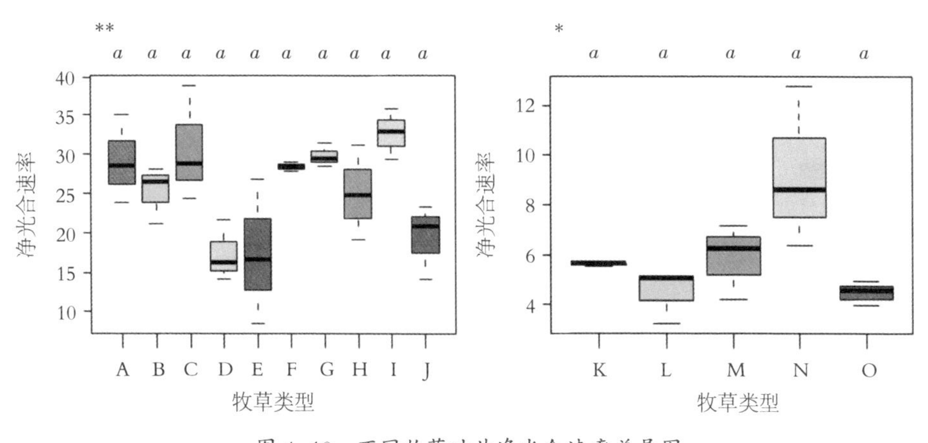

图 4-10 不同牧草叶片净光合速率差异图

4.2.6 营养指标差异

4.2.6.1 粗蛋白差异

从图4-11可看出,15种牧草的粗蛋白含量存在差异。10种禾本科牧草中,蒙古冰草(内蒙)(B)粗蛋白含量最高,为23.57%,与沙生冰草(C)和扁穗冰草(D)粗蛋白含量彼此差异不显著($P>0.05$),显著高于其他禾本科牧草($P<0.05$),老芒麦(G)粗蛋白含量最低,为10.27%,与格林针茅(H)差异不显

著（$P>0.05$），但显著低于其他禾本科牧草（$P<0.05$）。各牧草粗蛋白含量由小到大表现为：老芒麦（G）<格林针茅（H）<长穗偃麦草（J）<细茎冰草（E）<披碱草（I）<格兰马草（F）<宁夏蒙古冰草（A）<扁穗冰草（D）<沙生冰草（C）<蒙古冰草（内蒙）（B）。

豆科牧草中草木樨状黄芪（K）粗蛋白含量最高，为 18.78%，小冠花（N）粗蛋白含量最低，为 15.73%，但 5 种豆科牧草粗蛋白含量彼此差异不显著（$P>0.05$）。各牧草粗蛋白含量由小到大表现为：小冠花（N）<牛枝子（L）牛枝子<达乌里胡枝子（M）<鹰嘴紫云英（O）<草木樨状黄芪（K）。

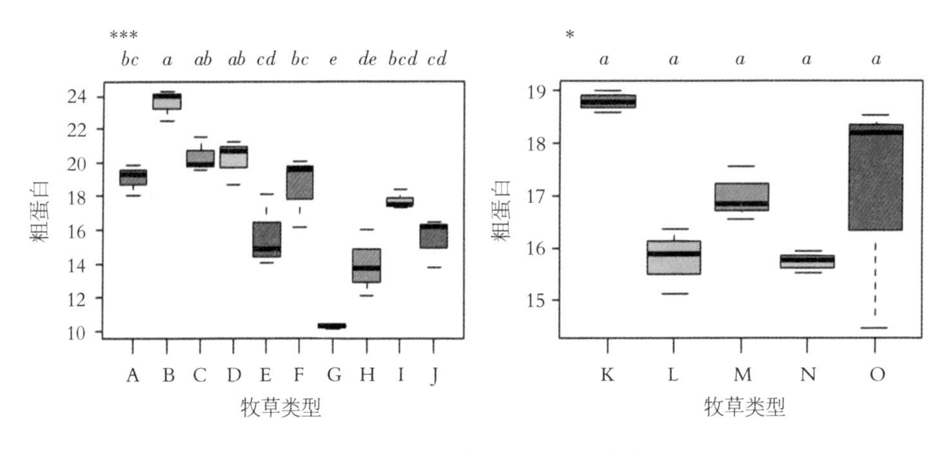

图 4-11 不同牧草粗蛋白含量差异图

4.2.6.2 粗灰分差异

从图 4-12 可看出，15 种牧草的粗灰分含量存在差异。10 种禾本科牧草中，蒙古冰草（内蒙）（B）粗灰分含量最高，为 16.37%，显著高于老芒麦（G），但与其他禾本科牧草粗灰分含量差异不显著（$P>0.05$），老芒麦（G）粗灰分含量最低，为 8.30%，且显著低于蒙古冰草（内蒙）（B）、格林针茅（H）、披碱草（I）和长穗偃麦草（J）（$P<0.05$），但与其他禾本科牧草差异不显著（$P>0.05$）。各牧草粗灰分含量由小到大表现为：老芒麦（G）<格兰马草（F）<宁夏蒙古冰草（A）<扁穗

冰草(D)<细茎冰草(E)<沙生冰草(C)<披碱草(I)<格林针茅(H)<长穗偃麦草(J)<蒙古冰草(内蒙)(B)。

5 种豆科牧草中,小冠花(N)粗灰分含量最高,为 19.35%,显著高于草木樨(K)和达乌里胡枝子(M)(P<0.05),但与牛枝子(L)和鹰嘴紫云英(O)差异不显著(P>0.05),草木樨状黄芪(K)粗灰分含量最低,为 4.7%。显著低于牛枝子(L)和小冠花(N)(P<0.05),但与达乌里胡枝子(M)和鹰嘴紫云英(O)差异不显著(P>0.05)。各牧草粗灰分含量由小到大表现为:草木樨状黄芪(K)<达乌里胡枝子(M)<鹰嘴紫云英(O)<牛枝子(L)<小冠花(N)。

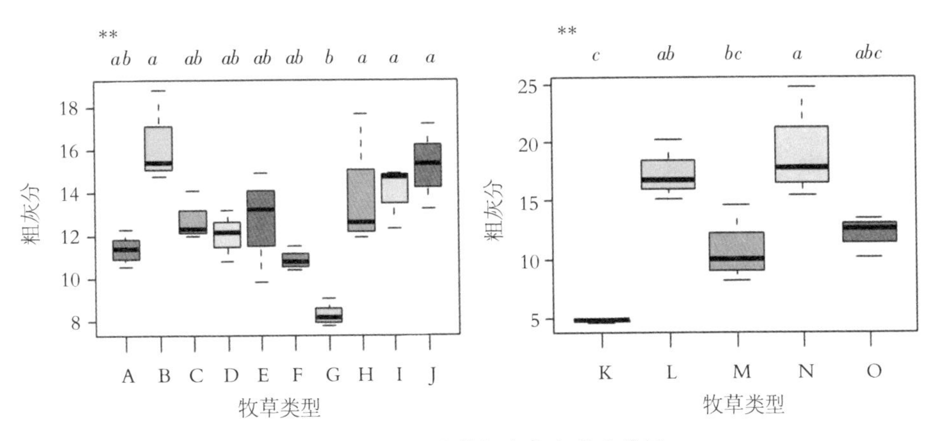

图 4-12 不同牧草粗灰分含量差异图

4.2.6.3 中性洗涤纤维差异

从图 4-13 可看出,15 种牧草的中性洗涤纤维存在差异。10 种禾本科牧草中老芒麦(G)中性洗涤纤维含量最高,为 70.38%,且显著高于其他禾本科牧草(P<0.05),蒙古冰草(内蒙)(B)中性洗涤纤维含量最低,为 50%,除老芒麦(G)外,与其他禾本科牧草差异不显著(P>0.05)。各牧草中性洗涤纤维含量由小到大表现为:蒙古冰草(内蒙)(B)<扁穗冰草(D)<格兰马草(F)<长穗偃麦草(J)<沙生冰草(C)<宁夏蒙古冰草(A)<细茎冰草(E)<格林针茅(H)<披碱草(I)<

老芒麦(G)。

5 种豆科牧草中牛枝子(L)中性洗涤纤维含量最高，为 57.36%，显著高于小冠花(N)和鹰嘴紫云英(O)($P<0.05$)，与其他 2 种豆科牧草差异不显著($P>0.05$)。小冠花(N)中性洗涤纤维含量最低，为 38.53%，与鹰嘴紫云英(O)差异不显著($P>0.05$)，但显著小于其他 3 种豆科牧草($P<0.05$)。各牧草中性洗涤纤维含量由小到大表现为：小冠花(N)<鹰嘴紫云英(O)<达乌里胡枝子(M)<草木樨状黄芪(K)<牛枝子(L)。

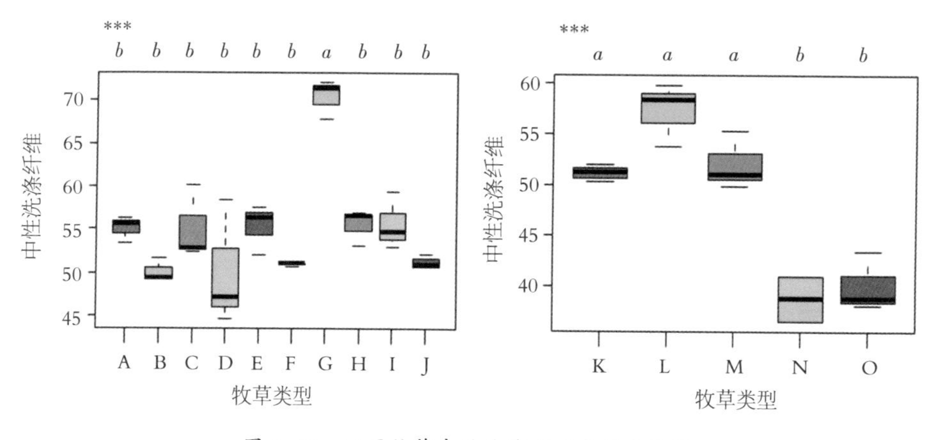

图 4-13　不同牧草中性洗涤纤维含量差异图

4.2.6.4　酸性洗涤纤维差异

从图 4-14可看出，15 种牧草酸性洗涤纤维存在差异。10 种禾本科牧草中老芒麦(G)酸性洗涤纤维含量最高，为 40.72%，且显著高于其他禾本科牧草($P<0.05$)，格兰马草(F)酸性洗涤纤维含量最低，为 29.65%，显著低于细茎冰草(E)、老芒麦(G)、格林针茅(H)和披碱草(I)($P<0.05$)，但与其他禾本科牧草差异不显著($P>0.05$)。各牧草酸性洗涤纤维含量由小到大表现为：格兰马草(F)<扁穗冰草(D)<沙生冰草(C)<蒙古冰草(内蒙)(B)<宁夏蒙古冰草(A)<长穗偃麦草(J)<披碱草(I)<细茎冰草(E)<格林针茅(H)<老芒麦(G)。

5 种豆科牧草中草木樨状黄芪(K)酸性洗涤纤维含量最高，为 45.25%，显著高于达乌里胡枝子(M)、小冠花(N)和鹰嘴紫云英(O)(P<0.05)，但与牛枝子(L)差异不显著(P>0.05)。小冠花(N)酸性洗涤纤维含量最低，为 27.91%，显著低于除鹰嘴紫云英(O)外的其他 3 种豆科牧草(P<0.05)。各牧草酸性洗涤纤维含量由小到大为：小冠花(N)<鹰嘴紫云英(O)<达乌里胡枝子(M)<牛枝子(L)<草木樨状黄芪(K)。

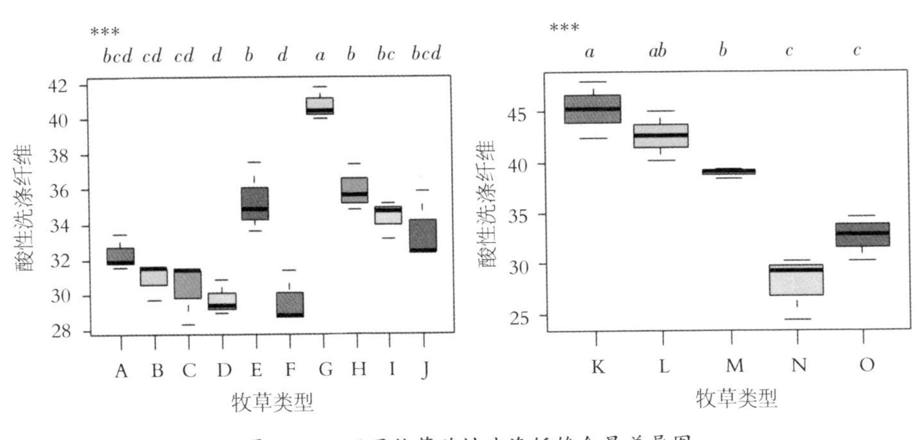

图 4-14　不同牧草酸性洗涤纤维含量差异图

4.2.6.5　粗纤维差异

从图 4-15 可看出，15 种牧草的粗纤维含量存在差异。10 种禾本科牧草中，粗纤维含量最高为老芒麦(G)，粗纤维含量为 33.23%，且显著高于其他禾本科牧草(P<0.05)，蒙古冰草(内蒙)(B)粗纤维含量最低，为 22.11%，与沙生冰草(C)和扁穗冰草(D)差异不显著(P>0.05)，但显著低于其他 7 种禾本科牧草(P<0.05)。各牧草粗纤维含量由小到大表现为：蒙古冰草(内蒙)(B)<扁穗冰草(D)<沙生冰草(C)<格兰马草(F)<宁夏蒙古冰草(A)<长穗偃麦草(J)<披碱草(I)<格林针茅(H)<细茎冰草(E)<老芒麦(G)。

5 种豆科牧草中粗纤维含量最高为草木樨状黄芪（K），粗纤维含量为

43%，显著高于其他豆科牧草（$P<0.05$）。小冠花（N）粗纤维含量最低，为17.89%，显著低于其他豆科牧草（$P<0.05$）。各牧草粗纤维含量由小到大表现为：小冠花(N)<鹰嘴紫云英(O)<牛枝子(L)<达乌里胡枝子(M)<草木樨状黄芪(K)。

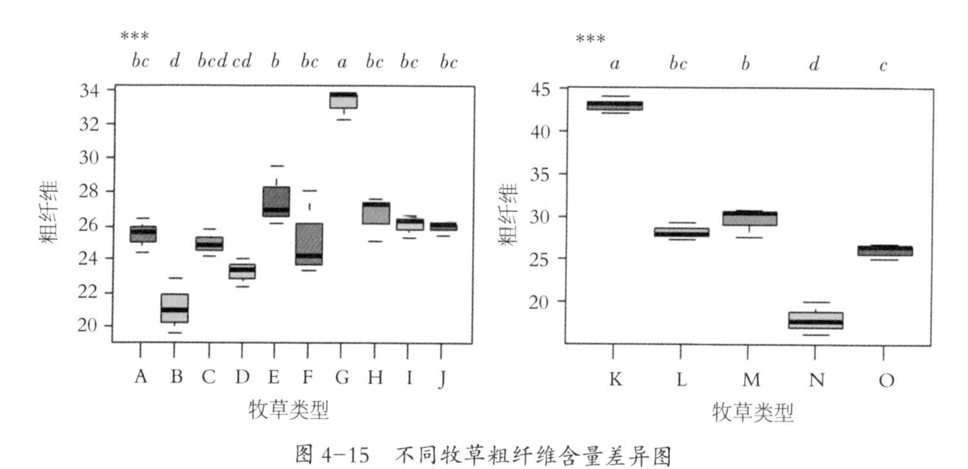

图 4-15　不同牧草粗纤维含量差异图

4.2.7　指标综合评价

选取10种禾本科牧草和5种豆科牧草的茎叶比、生物量、粗蛋白、粗灰分、酸性洗涤纤维、中性洗涤纤维、粗纤维、株高、种子产量、叶片含水量、叶片保水力、叶片蒸腾速率、净光合速率共计13项指标进行综合分析，计算15种牧草各指标下的DRI隶属值与权重，并以综合评价值D值鉴定供试种质抗旱性。结果表明，禾本科牧草田间种植抗旱性表现为：宁夏蒙古冰草(A)>蒙古冰草(内蒙)(B)>细茎冰草(E)>扁穗冰草(D)>沙生冰草(C)>格兰马草(F)>披碱草(I)>长穗偃麦草(J)>老芒麦(G)>格林针茅(H)。其中抗旱性相对最强的为宁夏蒙古冰草(A)，抗旱性相对最弱的为格林针茅(H)。

豆科牧草田间种植抗旱性表现为：鹰嘴紫云英(O)>达乌里胡枝子(M)>小冠花(N)>牛枝子(L)>草木樨状黄芪(K)。其中，抗旱性相对最强的为鹰嘴紫云英(O),抗旱性相对最弱的为草木樨状黄芪(K)(表 4-2)。

表 4-2 禾本科牧草综合评价 D值表

编号	隶属函数值													D 值	排序
	茎叶比	生物量	粗蛋白	粗灰分	酸性洗涤纤维	中性洗涤纤维	粗纤维	株高	种子产量	叶片含水量	叶片保水力	叶片蒸腾速率	净光合速率		
A	0.001	0.543	0.013	0.004	0.008	0.004	0.006	0.093	0.136	0.035	0.011	0	0.022	0.876	1
B	0.001	0.354	0.019	0.012	0	0.002	0	0.133	0.088	0.03	0.018	0	0.015	0.672	2
C	0.001	0.151	0.015	0.007	0.008	0.001	0.005	0.073	0.07	0.031	0.028	0	0.025	0.414	5
D	0.001	0.261	0.014	0.005	0	0	0.003	0.08	0.026	0.014	0.012	0	0	0.416	4
E	0.001	0.371	0.008	0.006	0.008	0.009	0.008	0.048	0	0.007	0.018	0	0	0.484	3
F	0.001	0.231	0.012	0.004	0.001	0	0.005	0	0	0.022	0.003	0	0.021	0.301	6
G	0	0	0	0	0.03	0.018	0.016	0.052	0.04	0	0.013	0	0.023	0.193	9
H	0.001	0.009	0.005	0.008	0.008	0.01	0.007	0.07	0.01	0.019	0	0	0.015	0.163	10
I	0.001	0.047	0.011	0.008	0.008	0.008	0.006	0.059	0.031	0.016	0.02	0	0.029	0.244	7
J	0.001	0.002	0.008	0.01	0.002	0.006	0.006	0.132	0.038	0.006	0.007	0	0.004	0.222	8

表 4-3 豆科牧草综合评价D 值表

编号	隶属函数值													D 值	排序
	茎叶比	生物量	粗蛋白	粗灰分	酸性洗涤纤维	中性洗涤纤维	粗纤维	株高	种子产量	叶片含水量	叶片保水力	叶片蒸腾速率	净光合速率		
K	0	0	0	0	0.01	0.01	0.02	0.04	0.03	0.02	0	0	0	0.14	5
L	0	0.05	0	0.01	0.02	0.01	0.01	0	0.07	0.01	0	0	0	0.17	4
M	0	0.2	0	0	0.01	0.01	0.01	0.03	0.03	0.01	0	0	0	0.32	2
N	0.01	0.12	0	0.01	0	0	0	0	0.01	0	0.02	0	0	0.17	3
O	0.01	0.78	0	0.01	0	0	0.01	0.03	0	0.02	0.01	0	0	0.87	1

4.3 结论与讨论

4.3.1 讨论

植物的生长发育特征，一方面取决于植物本身的生物学特性，另一方面则受外界环境的影响。同一种植物在不同的气候条件下，外界环境温度和水分等条件差异，使得植物本身的形态特征、生物量及牧草品质等均产生差异。

本研究15种多年生牧草自播种后，除自然降水，再无实施任何灌溉措施，观察其株高、茎叶比、地上生物量、种子产量、营养成分及叶片的含水量等指标，发现不同牧草间差异较大。本研究表明，禾本科牧草中老芒麦(G)茎叶比最高，为1.28，显著高于披碱草(I)($P<0.05$)，但与其他禾本科牧草差异不显著($P>0.05$)；豆科牧草中草木樨状黄芪(K)茎叶比值最高，为7.75，显著高于达乌里胡枝子(M)、小冠花(N)和鹰嘴紫云英(O)($P<0.05$)，但与牛枝子(L)茎叶比差异不显著($P>0.05$)。张昌兵等在四川地区种植披碱草研究表明，披碱草的茎叶比为2.04，远高于本研究结果(0.36)；容维中等对甘肃中部半干旱地区优良豆科牧草生产性能进行研究，结果表明，小冠花的茎叶比为1.21，也远高于本研究中小冠花(N)茎叶比值(0.39)结果。分析产生这种差异的原因，可能与不同种植区气候、水分、土壤等条件差异有关，本研究种植区属于温性荒漠草原区，本身降水稀少，且在本研究开展过程中无任何灌溉措施，很可能对牧草形态特征产生影响。

此外，各牧草地上生物量鲜重和种子产量差异也较大，禾本科牧草中，长穗偃麦草(J)单位面积地上生物量(1 654.79 g/m^2)与宁夏蒙古冰草种子产量(84.27 g/m^2)最高；豆科牧草中，鹰嘴紫云英(O)单位面积地上生物量最高，达到 1 363.00 g/m^2，牛枝子(L)种子产量最高，达到 94.53 g/m^2。从生态建设的角度，本地区应选择抗旱性强的牧草，但从经济效益及草地可持续发展与利用的角度考虑，在牧草资源的选择上，应兼顾考虑其生物量大小，以此来看，宁夏蒙古冰草(A)、长穗偃麦草(J)、鹰嘴紫云英(O)和牛枝子(L)可作为考虑之列。

另外，叶片含水量和叶片相对含水量可反映植物体内水分的亏缺程度，在干旱胁迫下，植物能维持较高的叶片含水量和相对含水量，表明植株的叶片持水力越强，抗旱性越强，因此叶片含水量和相对含水量是鉴定植物抗旱性的有效指标。本研究中，禾本科牧草中，沙生冰草(C)叶片保水力值最高，为 30.73，且叶片含水量也较高，为 77.5；豆科牧草中，鹰嘴紫云英(O)叶片含水量最高，为 76.70，且叶片保水力也较高，为 48.30。说明在本研究，从叶片含水量与叶片保水力两项指标来看，沙生冰草(C)和鹰嘴紫云英(O)处于较高水平。

光合作用是衡量牧草产量的直接指标之一，也是植物积累干物质的基础条件。其中，净光合速率与蒸腾速率是该生理过程中的两个重要的指标。植物叶片的长势形状、大小，以及色泽等因素均可对植物的光合效率产生影响。本研究禾本科牧草中，披碱草(I)叶片净光合速率最高，但它与其他禾本科牧草叶片净光合速率差异不显著(P>0.05)；豆科牧草中，小冠花(N)叶片净光合速率最高，与其他豆科牧草叶片净光合速率也差异不显著(P>0.05)。且对比发现禾本科牧草的净光合速率大于豆科牧草，这可能是禾本科和豆科牧草的叶形与叶面积等因素差异有关，导致各自捕获的光能存在差异。植物的蒸腾作用反映了植物调控水分蒸发及适应环境的能力，与环境因子关系紧密。本研究中，禾本科牧草老芒麦(G)叶片的蒸腾速率最高，显著高于长穗偃麦草(J)(P<0.05)，但与其他 8 种禾本科牧草差异不显著(P>0.05)；豆科牧草中，小冠花(N)叶片的蒸腾速率最高，显著高于达乌里胡枝子(M)与鹰嘴紫云英(O)(P<0.05)，但与草木樨状黄芪(K)和牛枝子(L)差异不显著(P>0.05)。分析产生这种差异的原因，排除各牧草生长环境因素中光照、温度、湿度等因素的差异，主要原因可能还是与植物自身的生理活动有关。

营养成分含量是评定牧草优质与否的一个关键指标，主要包括粗蛋白、粗脂肪、粗纤维、中性洗涤纤维、酸性洗涤纤维、钙、磷和微量元素等。其中，粗蛋白含量越高，酸性洗涤纤维和中性洗涤纤维含量越低，牧草的消化率与采食率就越好，牧草营养价值相对也就越高。本研究中发现，禾本科牧草中蒙古冰草（内蒙）(B)粗蛋白含量最高，与沙生冰草(C)和扁穗冰草(D)差异不显著(P>0.05)，但显著高于其他禾本科牧草(P<0.05)，且其酸性洗涤纤维和中性洗涤纤维相对较低；豆科牧草中，草木樨状黄芪(K)粗蛋白含量最高，但各牧草间粗蛋白含量差异不显著(P>0.05)，但其粗纤维、酸性洗涤纤维和中性洗涤纤维的含量相对也高。因此，单从牧草的饲用价值和营养来看，蒙古冰草（内蒙）(B)可作为干旱半干旱区推广种植的牧草。

综上，单从某一指标考虑，各牧草均有其自身的优势，但从优质牧草筛选的角度出发，应全面考虑各方面的因素，综合多项指标以评价牧草的优劣，尤其是对于干旱半干旱地区，降水稀少、蒸发量较大以及土壤瘠薄等外在恶劣的环境条件，抗旱适应性强的牧草才是引种的首选条件。

4.3.2 结论

综合 15 种多年生牧草生育期内茎叶比、株高、地上生物量、种子产量、粗蛋白、粗灰分、酸性洗涤纤维、中性洗涤纤维、粗纤维、叶片含水量、叶片保水力、蒸腾速率和净光合速率共 13 项指标，计算加权隶属函数值，综合评价各牧草的抗旱性，结果表明：禾本科牧草田间种植生育期内抗旱性强弱表现为：宁夏蒙古冰草(A)>蒙古冰草（内蒙）(B)>细茎冰草(E)>扁穗冰草(D)>沙生冰草(C)>格兰马草(F)>披碱草(I)>长穗偃麦草(J)>老芒麦(G)>格林针茅(H)。

其中，抗旱性相对最强的为宁夏蒙古冰草（A），抗旱性相对最弱的为格林针茅（H）；豆科牧草田间种植生育期内抗旱性强弱表现为：鹰嘴紫云英（O）>达乌里胡枝子（M）>小冠花（N）>牛枝子（L）>草木樨状黄芪（K）。其中，抗旱性相对最强的为鹰嘴紫云英（O），抗旱性相对最弱的为草木樨状黄芪（K）。

5 抗旱性综合评价

5.1 试验方法与设计

综合牧草种子萌发期抗旱表现、牧草苗期抗旱表现、生态性能和生产性能对于研究牧草应对环境胁迫能力、筛选优质抗逆性强的牧草有着十分重要的意义。因此试验结合种子萌发试验 2.1 和 2.2 中各植物综合评价 D 值、盆栽苗期胁迫试验 3.2 中各植物综合评价值 D 值与大田试验的 4.2.7 各植物综合评价值 D 值为评价指标，利用综合隶属函数值法对牧草进行综合评价以挑选最优质牧草，从而为全区退化草原生态修复与可持续健康发展提供技术支撑和示范样板。

模糊数学隶属函数法：在植物抗旱性研究中，模糊数学隶属函数法被广泛应用，本研究也采用此方法对不同牧草种质资源的生理指标抗旱性进行评价。

正隶属函数：$X_{ij1}=(x_{ij}-x_{jmin})/(x_{jmax}-x_{jmin})$ (1)

反隶属函数：$X_{ij2}=(x_{jmax}-x_{ij})/(x_{jmax}-x_{jmin})$ (2)

标准差系数：$$v_j=\sqrt{\frac{\sum_{i=1}^{n}(x_{ij}-\overline{x}_j)^2}{\overline{x}_j}} \tag{3}$$

权重：$$w_j=\frac{v_j}{\sum_{j=1}^{m}v_j} \tag{4}$$

综合评价值：$D=\sum_{j=1}^{n} x_{ij1} w_j$ （5）

上述公式中 X_{ij} 为第 i 种植物的第 j 个指标的测定值；X_{jmin} 与 X_{jmax} 分别表示所有植物中第 j 个指标测定值的最小值与最大值；当测定指标为负向指标时，应采用反隶属函数。

植物抗旱性评价：

抗旱级别根据各植物综合评价值 D 值大小进行抗旱性评价，D>0.6，强抗旱型；0.4<D<0.6 较强抗旱型；D<0.4 弱抗旱型。

5.2 结果与分析

选取 15 种牧草在田间试验、苗期胁迫试验、干旱胁迫萌发试验、盐胁迫种子萌发试验中的 D 值进行综合分析，计算 15 种牧草各指标下的 DRI 隶属值与权重，并以综合评价值 D 值鉴定供试种质抗旱性。结果表明，10 种禾本科牧草抗旱性强弱表现为：宁夏蒙古冰草（A）>沙生冰草（C）>格兰马草（F）>细茎冰草（E）>长穗偃麦草（J）>披碱草（I）>扁穗冰草（D）>老芒麦（G）>蒙古冰草（内蒙）（B）>格林针茅（H）。依据抗旱性强弱划分标准，10 种禾本科牧草中，抗旱性相对较强的牧草分别为：宁夏蒙古冰草（A）、沙生冰草（C）、细茎冰草（E）和格兰马草（F），其他禾本科牧草抗旱性相对较弱（表 5–1）。

5 种豆科牧草抗旱性强弱表现为：牛枝子（L）>达乌里胡枝子（M）>鹰嘴紫云英（O）>小冠花（N）>草木樨状黄芪（K），依据抗旱性强弱划分标准，5 种豆科牧草中，抗旱性较强的牧草分别为：牛枝子（L）、达乌里胡枝子（M）和鹰嘴紫云英（O），抗旱性相对较弱的牧草为小冠花（N）和草木樨状黄芪（K）（表 5–2）。

表 5-1　禾本科牧草各指标隶属函数值及综合评价值表

编号 Number	隶属函数值					
	生长期试验	苗期胁迫试验	PEG 胁迫试验	综合评价值	排序	等级
A	0.097 088	0.356 088	0.057 319 96	0.510 496	1	较强
B	0.045 126	0.154 305	0.093 363 43	0.292 794	9	弱
C	0.175 716	0.154 305	0.115 352 33	0.445 373	2	较强
D	0.103 584	0.130 566	0.078 333 68	0.312 483	7	弱
E	0.153 495	0.193 87	0.080 012 06	0.427 378	4	较强
F	0.096 747	0.193 87	0.145 709 9	0.436 327	3	较强
G	0.081 021	0.083 087	0.130 730 79	0.294 839	8	弱
H	0.116 916	0.023 739	0.137 184 77	0.277 84	10	弱
I	0.103 926	0.031 652	0.190 300 48	0.325 878	6	弱
J	0.088 175	0.238 675	0.059 024 14	0.385 874	5	弱

表 5-2　豆科牧草各指标隶属函数值及综合评价值表

编号 Number	隶属函数值					
	田间试验	苗期胁迫试验	干旱胁迫萌发试验	综合评价值	排序	等级
K	0	0	0.050 489	0.050 489	5	弱
L	0.017 815	0.432 695	0.139 982	0.590 491	1	较强
M	0.106 89	0.321 43	0.068 305	0.496 625	2	较强
N	0.017 815	0.135 99	0.084 139	0.237 944	4	弱
O	0.433 496	0.018 544	0	0.452 04	3	较强

5.3 结论与讨论

5.3.1 讨论

草原生态建设首要解决的问题，就是种植牧草的选择，依据当地气候、土壤及水分条件等，选择优质适应强的牧草，是草地生态建设成败的关键，尤其是对于干旱半干旱区，干旱环境是制约该区域牧草选择的一大难题。在外界环境一致的条件下，不同的牧草因其不同的生长及生理特性，应对外界环境胁迫的响应机制存在差异，且不同生育时期不同生理和形态指标均存在差异，尤其在牧草的抗旱性评价方面，更不应以单一某一时期或某一指标来衡量牧草的抗旱性，应综合牧草全生育期内的生长及生理指标等多指标全面的评判，才能筛选出优质的牧草资源，用于生产应用。

本研究从种子萌发期、苗期及田间种植 3 个阶段，系统地研究了收集和引选的 10 种多年生禾本科牧草和 5 种豆科牧草的抗旱性，并综合了 3 个阶段的抗旱性指标进行了综合分析与评价，最终筛选出了 4 种相对较抗旱的优质禾本科牧草[宁夏蒙古冰草(A)、沙生冰草(C)、细茎冰草(E)和格兰马草(F)]和 3 种相对较抗旱的豆科优质牧草[(牛枝子(L)、达乌里胡枝子(M)和鹰嘴紫云英(O)]，可为我区干旱半干旱区退化草原生态修复草种选择提供参考。

但在本研究中，虽然从种子萌发期、苗期及田间种植 3 个阶段全面分析了 15 种牧草在不同时期的抗旱性，但可能存在不同的试验环境和试验方法间的差异，对试验结果可能产生影响，需要后续能得到进一步验证。此外，随着近年分子生物学及蛋白质组学等技术的发展，今后也可结合代谢组学的方法，对各牧草的抗旱调控反应机制开展深入研究，以此为优良抗旱牧草的遗传改良及培育提供参考。

5.3.2 结论

通过综合15种多年生牧草种子萌发期、苗期及田间生育期隶属函数值及权重，以综合评价值评价各牧草的抗旱性，结果表明：10种禾本科牧草抗旱性强弱表现为：宁夏蒙古冰草（A）>沙生冰草（C）>格兰马草（F）>细茎冰草（E）>长穗偃麦草（J）>披碱草（I）>扁穗冰草（D）>老芒麦（G）>蒙古冰草（内蒙）（B）>格林针茅（H）；5种豆科牧草抗旱性强弱表现为：牛枝子（L）>达乌里胡枝子（M）>鹰嘴紫云英（O）>小冠花（N）>草木樨状黄芪（K）。相对抗旱性较强的多年生牧草为：宁夏蒙古冰草（A）、沙生冰草（C）、细茎冰草（E）、格兰马草（F）、牛枝子（L）、达乌里胡枝子（M）和鹰嘴紫云英（O）。

参考文献

[1] Marengo J, Torres R, Alves L. Drought in northeast Brazil-past, present, and future[J]. *Theoretical and Applied Climatology*, 2017, 129, 1189-1200.

[2] Huang B, Jack F, Wang B. Water relations and canopy charac-teristics of tall fescue cultivars during and after drought stress [J]. *Hort Sci*, 1998, 33: 837-840.

[3] Aronson L J, Gold A J, Hull R J. Cool-season turfgrass response to drought stress[J]. *Crop Sci*, 1987, 27: 1261-1266.

[4] Perdomo P, Murphy J A, Berkowits G A. Physiological changes associated with performance of Kentucky bluegrass cultivars during summer stress[J]. *Hort Sci*, 1996, 31: 1182-1186.

[5] Marcum K B. Cell membrane thermostability and whole-plant heat tolerance of Kentucky bluegrass[J]. *Crop Sci*, 1998, 38: 1214-1218.

[6] Sairam R K, Veerbhadra K R, Srivastava G C. Dif-ferential response of wheat genotypes to long term salinity stressin relation to oxidative stress, antioxidant activity and osmolyte concentration[J]. *Plant Science*, 2002, 163, 1037-1046.

[7] Bray E A. Molecular responses to water deficit [J]. *Plant Physiol-ogy*, 1993, 103, 1035-1040.

[8] Ebdon J S, Kopp K L. Relationship between water use effi-ciency, carbon isotope discrimination and turf performance in genotypes of Kentucky bluegrass during drought[J]. *Crop Sci*, 2004, 44(5): 1754-1762.

[9] Choudhury F, Rivero R, Blumwald E, et al. Reactive oxygen species, abiotic stress and stress combination[J]. *Plant Journal*, 2017, 90, 856-867.

[10] Souza L, Monteiro C, Carvalho R, et al. Dealing with abiotic stress: An integrative view of how phytohor-mones control abiotic stress-induced oxidative stress [J]. *Theoreticaland Experimental Plant Physiology*, 2017, 29, 109-127.

[11] Correia B, Hancock R, Amaral J, et al. Combined drought and heat activities protective response in Eucalyptus globulus that are not activated when subjected to drought or heat stress alone [J]. *Frontiers in Plant Science*, 2018, 9, 1-14.

[12] Ebrahimiyan M, Majidi M, Mirlohi A. Genotypic variation and selection of traits related to forage yield in tall fescue under irrigated and drought stress environments[J]. *Grass and Forage Sci*, 2013, 68, 59-71.

[13] Bahrani M J, Bahrami H, Haghighi A A K. Effect of water stress on ten forage grasses native or introduced to Iran [J]. *Grassland Science*, 2010, 56, 1-5.

[14] Fischer R, Maurer R. Drought resistance in spring wheat cultivars I. Grain yield responses [J]. *Australian Journal of Agricultural Research*, 1978, 29(5), 897-912.

[15] Rosielle A, Hamblin J. Theoretical aspects of selection for yield in stress and non-stress environment[J]. *Crop Science,* 1981, 21(6), 943-946.

[16] Fu J M, Huang B R. Involvement of antioxidants and lipid peroxidation in the adaptation of two cool-season grasses to localized drought stress[J]. *Environment and Experimental Botany*, 2001, 45: 105-114.

[17] DaCosta M, Huang B R, Changes in antioxidant enxyme activities and lipid peroxidation for bentgrass species in response to drought stress [J]. *Journal of the American Society for Horticultural Science*, 2007, 132: 319-326.

[18] Munns R, Comparative physiology of salt and water stree [J]. *plant Cell Environ,* 2002, 25: 239-250.

[19] Gupta G N, Salt tolerance in some tree speciesat at seedling stage[J]. *Indian Forest*, 1987, 12(2): 101-112.

[20] McDonald M B. Seed deterioration: physiology, repair and assessment[J]. *Seed Sci*, 1999, 27: 177-237.

[21] 杨顺强,任广鑫,杨改河,等. 8种美国引进禾本科牧草保护酶活性与抗旱性研究[J]. 干旱地区农业研究,2009,27(6):144-148.

[22] 杨汝荣. 我国西部草地退化原因及可持续发展分析[J]. 草业科学,2002(1):23-27.

[23] 张小鹏. 浅谈草原生态监理与实现可持续发展[J]. 新疆畜牧业,2005(6):10-11.

[24] 时彦民. 我国为何要推行草原禁牧休牧轮牧[J]. 中国牧业通讯,2007(9):22-27.

[25] 文仕康,罗拉体,肖万惠. 退耕还林还草中种植牧草的优越性和现实意义[J]. 西南民族大学学报(人文社科版),2004(11):6-7.

[26] 安宝林. 牧草在旱作农业系统中的功能及经济效益与生态效益[J]. 中国草原,1985(2):60-63.

[27] 边巴卓玛,呼天明,吴红新. 依靠西藏野生牧草种质资源提高天然草场的植被恢复效率[J]. 草业科学,2006(2):6-8.

[28] 多立安. 豆科牧草的利用与草地畜牧业的持续发展 [J]. 中国草地,1996(4):54-58.

[29] 玉兰,聂柱山. 提高牧草饲用价值的育种新标准[J]. 中国草地,1991(3):50-52.

[30] 张军红,吴波. 干旱、半干旱地区土壤水分研究进展[J]. 中国水土保持,2012(2):40-43,68.

[31] 鲁松. 干旱胁迫对植物生长及其生理的影响[J]. 江苏林业科技,2012,39(4):51-54.

[32] 朱虹,祖元刚,王文杰,等. 逆境胁迫条件下脯氨酸对植物生长的影响[J]. 东北林业大学学报,2009,37(4):86-89.

[33] 谢小玉,马仲炼,白鹏,等. 辣椒开花结果期对干旱胁迫的形态与生理响应[J]. 生态学报,2014,34(13):3797-3805.

[34] 杜典,刘芬. 两种苹果砧木对中度干旱胁迫的生理响应[J]. 甘肃农业科技,2020(8):64-67.

[35] 王芳,彭云玲,方永丰,等. 花后干旱胁迫对不同持绿型玉米叶片衰老的影响[J]. 水土保持通报,2018,38(4):60-66.

[36] 张钦弟,卫伟,陈利顶,等. 黄土高原草地土壤水分和物种多样性沿降水梯度的分布格局[J]. 自然资源学报,2018,33(8):1351-1362.

[37] 赵景娣. 提高植物抗旱性的有效途径[J]. 畜牧与饲料科学,2009,30(2):50-51,117.

[38] 王怡丹. 聚乙二醇 6000 模拟水分胁迫下蒙古冰草、扁穗冰草和滨麦抗旱性研究[D]. 吉林:延边大学,2008.

[39] 王学奎,黄见良. 植物生理生化实验原理与技术[M]. 北京:高等教育出版社,2015,397-404.

[40] 王平,王沛,孙万斌,等. 8份披碱草属牧草苗期抗旱性综合评价[J]. 草地学报,2020,28(2):397-404.

[41] 季波,时龙,徐金鹏,等. 10种禾本科牧草种质资源萌发期抗旱性评价[J]. 种子,2020,39(7):12-18.

[42] 胡良平. 分位数模型回归分析[J]. 四川精神卫生,2018,31(4):296-301.

[43] 韩德梁,王彦荣. 紫花苜蓿对干旱胁迫适应性的研究进展[J]. 草业学报,2005(6):7-13.

[44] 尹飞. 玉米对水分胁迫响应的基因型差异及其生理机制研究[D]. 河南:河南农业大学,2004.

[45] 吴佳宝. 植物生长调节剂对花生渍涝胁迫的调控效应[D]. 湖南:湖南农业大学,2012.

[46] 欧阳建勇,万燕,向达兵,等. 干旱胁迫对苦荞农艺性状及黄酮类物质含量的影响[J]. 安徽农业科学,2020,48(16):35-38.

[47] 裴保华,周宝顺. 三种灌木耐旱性研究[J]. 林业科学研究,1993(6):597-602.

[48] 张安宁,王飞名,余新桥,等. 基于土壤水分梯度鉴定法的栽培稻抗旱标识品种筛选[J]. 作物学报,2008,34(11):2026-2032.

[49] 朱建宁,彭文栋,李永华,等. 荒漠草原采用浅翻耕改良对土壤水分及牧草组成的影响研究[J]. 黑龙江畜牧兽医,2014(23):108-111.

[50] 张光灿,刘霞,贺康宁. 黄土半干旱区刺槐和侧柏林地土壤水分有效性及生产力分级研究[J]. 应用生态学报,2003,014(6):858-862.

[51] 邵惠芳,陈征,许嘉阳,等. 两种烟草幼苗叶片对不同强度干旱胁迫的生理响应比较[J]. 植物生理学报,2016,052(12):1861-1871.

[52] 王蔚,崔素霞. 两种生物型芦苇胚性悬浮培养物对渗透胁迫的生理响应——Ⅱ. 抗氧化酶类活性的变化[J]. 西北植物学报,2003,23(2):224-228.

[53] 齐代华,李旭光,王力,等. 模拟低温胁迫对活性氧代谢保护酶系统的影响——以长叶竹柏(Podocarpus fleuryi Hickel)幼苗为例[J]. 西南农业大学学报(自然科学版),2003(5):385-388,399.

[54] 张永平,王志敏,黄琴,等. 不同水分供给对小麦叶与非叶器官叶绿体结构和功能的影响[J]. 作物学报,2008(7):1213-1219.

[55] 段呈,石培礼,张宪洲,等. 藏北高原牧区人工草地建设布局的适宜性分析[J]. 生态学报,2019,39(15):5517-5526.

[56] 李忠. 草地畜牧业生产方式调整及生态环境治理对策[J]. 畜牧兽医科学(电子版),2019(18):30-31.

[57] 侯向阳. 发展草原生态畜牧业是解决草原退化困境的有效途径[J]. 中国草地学报,2010,32(4):1-9.

[58] 郝良杰,包翔,王明玖,等. 人工种植牧草对退化沙质草甸土养分性状的影响[J]. 北方农业学报,2019,47(3):108-116.

[59] 韩国君,何明珠,黄海霞,等. 黄土高原种植不同人工牧草对土壤酶活性的影响[J]. 水土保持通报,2019,39(3):19-24.

[60] 徐伟洲,史雷,卜耀军,等. 禾本科牧草种子萌发特性的比较研究[J]. 农学学报,2017,007(6):72-77.

[61] 郭彦军,倪郁,吕俊,等. 豆科牧草种子萌发特性与其抗旱性差异的研究[J]. 中国草地,2003,25(3):24-27.

[62] 王颖,穆春生,王靖,等. 松嫩草地主要豆科牧草种子萌发期耐旱性差异研究[J]. 中国草地学报,2006,28(1):7-12.

[63] 秦文静, 梁宗锁. 四种豆科牧草萌发期对干旱胁迫的响应及抗旱性评价

[J]. 草业学报,2010,19(4):61-70.

[64] 刘贵河,郭郁频,任永霞,等. PEG 胁迫下 5 种牧草饲料作物种子萌发期的抗旱性研究[J]. 种子,2013(1):15-19.

[65] 梁国玲,周青平,颜红波,等. 羊茅属 4 种牧草苗期抗旱性鉴定[J]. 草地学报,2009,17(2):206-206.

[66] 靳军英, 张卫华, 袁玲. 三种牧草对干旱胁迫的生理响应及抗旱性评价[J]. 草业学报,2015,24(10):157-165.

[67] 王平,王沛,孙万斌,等. 8 份披碱草属牧草苗期抗旱性综合评价[J]. 草地学报,2020,28(2):397-404.

[68] 祁娟,徐柱,马玉宝,等. 披碱草属六种野生牧草苗期抗旱胁迫的生理变化[J]. 中国草地学报,2008(5):18-24.

[69] 倪星. 紫花苜蓿种质资源的耐盐性综合评价研究 [D]. 宁夏大学硕士专业学位论文,2016.

[70] 余叔文,汤章成. 植物生理与分子生物学[M]. 北京: 科学出版社,1998.

[71] 陈小芳,于德花,宁凯,等. 盐胁迫下苜蓿种质资源萌发特性综合评价[J]. 草地学报,2017,25(5):1115-1125.

[72] 王静,许兴,麻冬梅. 紫花苜蓿种质资源萌发期耐盐性鉴定[J]. 核农学报,2018,32(10):1939-1948.

[73] 周璐璐,伏兵哲,许冬梅,等. 盐胁迫对沙芦草萌发特性影响及耐盐性评价[J]. 草业科学,2015,32(8):1252-1259.

[74] 梁慧敏,夏阳,杜峰,等. 盐胁迫对两种草坪草抗性生理生化指标影响的研究[J]. 中国草地,2001,23(5):27-30.

[75] 高雪芹,伏兵哲,吴晓娟,等. 宁夏野生沙芦草苗期耐盐性研究[J]. 湖北农业科学,2014,53(11):2602-2604.

[76] 赵可夫. 植物抗盐生理 [M]. 北京：中国科学技术出版社，1993:24-27，230-231.

[77] 达布拉嘎. 科尔沁沙地植被恢复中适宜乡土草种及混播效果评价与筛选[D]. 内蒙古农业大学，2019.

[78] 陈昕，呼延钦，张玉进，等. 宁夏盐池半干旱沙化地区禾本科牧草引种试验[J]. 宁夏农学院学报，2004(3):32-35.

[79] 杨景宁，王彦荣. NaCl 胁迫对四种荒漠植物种子萌发的影响. 草业学报，2012，21(5):32-38.

[80] 石凤翎，王素巍，李俊海，等. 扁蓿豆属牧草种子及其幼苗抗旱性的初步研究 [C]. 中国草学会第六届二次会议暨国际学术研讨会论文集. 中国草学会，2004:497-503.

[81] 朱世杨，张小玲，刘庆，等. PEG 模拟干旱胁迫下花椰菜种质资源萌发特性及抗旱性评价[J]. 核农学报，2019，33(9):1833-1840.

[82] 李京蓉，周学斌，马真，等. 6 种高寒牧区禾本科牧草抗旱性研究与评价[J]. 草地学报，2018，26(3):659-665.

[83] 孙宗玖，李培英，阿不来提，等. 种子萌发期 38 份偃麦草种质耐盐性评价[J]. 草业科学，2012，29(7):1105-1113.

[84] 张寒，潘香逾，王秀华，等. 苜蓿萌发期耐盐性综合评价与耐盐种质筛选[J]. 草地学报，2018，26(3):666-672.

[85] 敬雪敏，孙玉竹，司雨凡，等. 萌发期不同品种紫花苜蓿对盐胁迫的响应[J]. 草学，2018(S1):43-47.

[86] 宗俊勤，高艳芝，陈静波，等. 不同资源种子萌发期抗盐性评价[J]. 草地学报，2013，21(6):1148-1156.

[87] 于志贤，耿稞，侯建华，等. 盐胁迫对不同基因型向日葵种子萌发的影响

[J]. 种子,2013,32(10):29-33.

[88] 张利霞,常青山,侯小改,等. 不同钠盐胁迫对夏枯草种子萌发特性的影响. 草业学报,2015,24(3):177-186.

[89] 王彦荣. 种子引发的研究现状[J]. 草业学报,2004(4):7-12.

[90] 郑巨云,曾辉,王俊铎,等. 陆地棉品种资源萌发期耐盐性的隶属函数法评价[J]. 新疆农业科学,2018,55(9):1579-1592.

[91] 熊阳阳,韩博. 3 种禾本科牧草萌发期和苗期的抗旱性研究[J]. 安徽农业科学,2018,46(7):88-91.

[92] 梁国玲. 羊茅属(Festuca L.)4 种牧草抗旱耐寒性研究与评价[D]. 西宁:青海大学,2007:10-20.

[93] 符开欣,刘新,张新全,等. 六份川西北短芒披碱草种质萌发期抗旱性评价[J]. 中国草地学报,2017,39(2):41-47.

[94] 刘彩玲,何春梅,王飞,等. PEG 胁迫下不同紫云英品种萌发期抗旱性评价[J]. 江西农业学报,2019,31(9):68-72.

[95] 刘博,卫玲,肖俊红,等. PEG 模拟干旱条件下大豆萌发特性研究[J]. 种子,2018,37(12):56-60.

[96] 王志恒,邹芳,杨秀柳,等. PEG-6000 模拟干旱对春小麦种子萌发的影响[J]. 种子,2019,38(7):12-17.

[97] 程波,胡生荣,高永,等. PEG 模拟干旱胁迫下 5 种紫花苜蓿萌发期抗旱性的评估[J]. 西北农林科技大学学报(自然科学版),2019,47(1):53-59.

[98] 戚秋慧. 内蒙古典型草原禾本科牧草生态适应综合评价 [J]. 草地学报,1998(2):133-138.

[99] 郭效龙,宋希云,裴玉贺,等. 玉米自交系萌发期和苗期抗旱性指标的筛选[J]. 植物生理学报,2018,54(11):1719-1726.

[100]王焱,沙柏平,李明雨,等.苜蓿种质资源萌发期抗旱指标筛选及抗旱性综合评价[J].植物遗传资源学报,2019,20(3):598-609,623.

[101]王焱,蔡伟,兰剑,等.12个苜蓿品种抗旱性综合评价[J].草原与草坪,2018,38(2):80-88.

[102]刘佳,徐昌旭,曹卫东,等.PEG胁迫下15份紫云英种质材料萌发期的抗旱性鉴定[J].中国草地学报,2012,34(6):18-25.

[103]李培英,孙宗玖,阿不来提.PEG模拟干旱胁迫下29份偃麦草种质种子萌发期抗旱性评价[J].中国草地学报,2010,32(1):32-39.

[104]王莹,许冬梅.PEG胁迫下五种禾本科牧草种子萌发期抗旱性研究[J].北方园艺,2015(12):54-58.

[105]梁国玲,周青平,颜红波.聚乙二醇对羊茅属4种植物种子萌发特性的影响研究[J].草业科学,2007(6):50-54.

[106]王冬梅,黄上志.种子渗透调节的机制及最佳渗调条件的选择[J].种子,1996(5):7-9.

[107]陈宝书.牧草饲料作物栽培学[M].北京:中国农业出版社,2001.

[108]李志廷.为了碧水蓝天[N].宁夏日报,2014-03-28(6).

[109]张鸿,李其勇,朱从桦,等.作物抗旱性鉴定的主要评价方法[J].四川农业科技,2017(6):7-9.

[110]李丹,靳鲲鹏,李小霞,等.大豆抗旱性鉴定、评价方法研究进展[J].北方农业学报,2020,48(4):48-53.

[111]沈艳,谢应忠.牧草抗旱性和耐盐性研究进展[J].宁夏农学院学报,2004(1):65-69.

[112]高桂霞,许明丽,唐继业.干旱指标及等级划分方法研究[J].安徽农业科学,2011,39(9):5301-5305.